纽约变形记

纽约变形记

唐克扬 著

商务印书馆
The Commercial Press
创于1897

2013年·北京

图书在版编目（CIP）数据

纽约变形记 / 唐克扬著；— 北京：商务印书馆，2013
ISBN 978-7-100-09237-1

Ⅰ.①纽…　Ⅱ.①唐…　Ⅲ.①城市规划—建筑设
计—纽约 Ⅳ.① TU984.712

中国版本图书馆 CIP 数据核字（2012）第 134440 号

纽约变形记

唐克扬 著

———————————————

商 务 印 书 馆 出 版
（北京王府井大街 36 号 邮政编码 100710）
商 务 印 书 馆 发 行
北京瑞古冠中印刷厂印刷
ISBN 978-7-100-09237-1

———————————————

2013 年 10 月第 1 版　　　　开本 720×1020 1/16
2013 年 10 月北京第 1 次印刷　印张 22½

定价：69.00 元

2001 年 9 月 11 日，曼哈顿。

目 录

序

关于一座城市的书很容易变成旅游手册，而很少有人会像读小说一样去"啃"完一本旅游手册。既然以偏概全是旅游者的天性，听起来，自相矛盾的"深度浏览"最终将是项不可能完成的任务。

对于纽约这样一个超级都市而言，这样的问题更是无可规避——大多数成功旅游手册的撰写人，其实是在本地过活了多年的细心观察者，可是，车马喧哗之中，有限的生命并不能穷极这城市的奥秘，建筑师顶礼膜拜的"细节"终归是相对而言，即使美国建筑师协会（AIA）指南厚达一千页数百万字的描述，对纽约的描写到底也还是"浮光掠影"。

大多数时候，人们本能地反感观光客体验一座城市的方式，反感只是以新奇见闻为吸引眼球招徕读者的卖点。可是我不得不说，这种多少带有道德优越感的、对于"深度"的癖好，对于纽约而言是种不易想象的奢侈。即便已在此居住了数年，对这座人海茫茫的大都市来说，我终究也还是个观光客罢了。

——有趣的是，对于大多数纽约"客"而言，这种不确定感恐怕正标示着一种洞见。

这悖论似乎为这城市所独有：它的导向就是迷失；它异样的亲密感，却使你不经意地疏离于人群之外。这悖论并非玄言或臆想，当你不再将城市和建筑看作形式游戏或孤立的艺术品，而是某种形式的社会宣言时，一切抽象或综合都已不够有效和丰饶，诚如路易斯·苏立文（Louis Henry Sullivan）所说，那势必会使得清澈的批评眼光变得云山雾罩。

纽约，是人类都市文明的斯芬克斯之谜，它可能有一个轻轻巧巧的答案："人"，但它的谜面却何妨不止一个。

有时候，一个轻易的答案反不如这些错综的谜面来得有趣。

在今天的世界，纽约的故事已广为人知，冷不丁地瞥去，它和东方城市中人们的生命经验有着使人错愕的相似处：无论是单纯对于繁华的爱慕，渺小对于巨大的调侃，还是混乱对于秩序的颠覆，一切让我们悠然心会——这种意外的相似，抑或是十多年前风行中国的"后现代"，可是，"公共"和"私有"间新近涌现的灰色地带，乃至那汗漫的"集体"之中，不屈不挠地想要挣扎出的"个人"，却绝非简单地向"后"看，那说不清道不明的都会人的暧昧心态，也不是某个时髦的术语能轻易概括。

要了解这座城市，仅仅走马观花是太浮皮潦草了，但是一味地沉溺于其中却也于事无补。明白了这样的道理，在寻访的时刻你就会眯

路易斯·苏立文

号称（美国）"现代主义之父"的路易斯·苏立文（1856—1924）是"芝加哥学派"的扛鼎者之一，许多人认为他是摩天大楼这一建筑样式和理论的开创者，他还是另一名现代主义建筑大师赖特（Frank Lloyd Wright）的老师。

起眼睛，接着后退几步；或者，你会脱卸大队，放任自己，暂时迷失在陌生的面孔中间⋯⋯这正是乔治娅·奥基芙（Georgia O'Keeffe）画作旁的签语："人们无法依据纽约的面貌描绘它，对这座城市只能直抒所感"（One cannot paint New York as it is, but rather as it is felt）（《无题（曼哈顿)》）。

将这些隐隐约约的线索连接在一起，你会踩出一条模糊的小径，这样的道路未必会和其他人混同，但却是条更明晰的、对你自己更有意义的道路。

这本书不是一本旅游手册，但它也不是为那些学问家们准备的。这本书的读者们应该有某些建筑学的知识，但他们更可贵的则是对历史的好奇心。和卡尔维诺（Italo Calvino）的《看不见的城市》取意相近，本书中的纽约并不尽然是这城市面面俱到的实录；相反，这本书将撷取几个有趣的时空片段，它们是万花筒里打碎了、又顺序连接起来的镜像。

由此，我们将由印象中的吉光片羽，下降到茫茫人海的深处。

——我们访问的目的不是为了栖居或耽溺，而是为了反观和出行。

关于纽约的各类著作可谓汗牛充栋。虽然每一本书都不可避免地涉及它的某部分"事实"，但我更希望，将这本关于城市的小书称为一个"故事"，一个由不同时间里的各种声音接续下去的传说。讲故事的冲动原生长在历史（his-story）里，因为历史也是无数人生经验的总

乔治娅·奥基芙

众所周知，长寿的美国画家乔治娅·奥基芙（1887—1986）在她生涯的后期长住于美国西南部，然而，出生于中西部的奥基芙的早年教育却是在芝加哥和纽约接受的，20 岁时来到纽约，并就读于艺术学生联盟（Art Students League），在纽约，奥基芙和美国 20 世纪初现代主义艺术的几位重要人物，特别是阿尔弗雷德·斯蒂格里茨（Alfred Stieglitz）过从甚密，后者最终成了她的丈夫。对大多数重要的 20 世纪艺术家们而言，纽约就是他们的麦加。

和；但是这故事（"他的故事"？）并没有一个全能的说书人来主宰；相反，它为了一个尚未终结的话题，特别关注于当代城市显而易见的悖论，那就是：

一座城市是否真的可以被"设计"？

建筑师、城市规划师、景观设计师……赖这座城市的生息而生活的人们，他们的职业摇摆在两种不同的图景之间：在一个普通人的眼里，纽约是一座感性的城市，一座均匀分配给每个人的巨大迷宫，"艺术"代表了这种个人化的城市图景的极端；而在那些理智者的心目中，这座城市却早已被利益、机变和冷酷的雄心瓜分完毕。这些不同的观瞻，导致了两种、甚至数种纽约形象的冲突——从 20 世纪初开始，这座城市就渐渐变得如此矛盾，它是如此大胆，又如此实际，如此坚实，又如此虚妄；一方面，纽约似乎永远是世界上最时髦、最先锋的大都市，另一方面，我们所熟知的纽约，又很难有哪怕一丁点些微的变化，它稳定的总体形象永远压倒那个不安地涌动的"自我"。第一眼目睹纽约的人，常常有彼此矛盾、甚至自相矛盾的印象，因为它的时空永远流变于新与旧、本色和奢华、发展与停滞之间。

在"变化"的舞蹈里，我们的故事将从这城市所遭受的巨大灾难开始。

引 子

2001 年 9 月 11 日。

波士顿洛根国际机场。

这一天，年轻的埃及人穆罕默德·阿塔六点不到就起了床，他从旅馆退了房，没吃早饭，当这个中东面孔的男人从容地走过安全检查系统时，缅因州波特兰机场没人注意到他随身行李里有把闪闪发亮的美工小刀，也没人知道他要用它来干什么。6：45 到 7：40 之间的这半小时却是影响世界的一天的序曲，在波士顿，再次混过安检的阿塔从容地登上了美国航空公司 11 号航班，飞行目的地是洛杉矶。与此同时，另一个中东人，在最后一次电话交谈中阿塔称为"表哥"的马万·谢赫，登上了联合航空公司的 175 号航班，飞行目的地也是洛杉矶。

纽约下城。

著名建筑师弗兰克·盖里（Frank Gehry）正在翠贝卡（Tribeca）他的住处，前一晚，盖里刚在一个开张派对上露过脸，庆祝他为日本时装大师三宅一生设计的品牌专卖店的建成。在众人心中，继弗兰克·劳埃德·赖特和菲利普·约翰逊（Philip Johnson）之后，这位出生于加拿大、成长于洛杉矶的美国建筑师，已经成了美国建筑的偶像级人物。他的随便几笔鬼画符似的速写，也会被人精心地装裱起来放在画框里。

"9·11"那一年，72岁的弗兰克·盖里已经不需要事必躬亲、动手作图了，但他像所有创造力旺盛的人一样，依然对一切新事物兴致勃勃，他受教育于计算机之前的年代，可他在西班牙毕尔巴鄂的古根海姆美术馆，无意间却拯救了一座衰落的工业城市，还成了无数玩电脑模型的小屁娃娃们仿效的样板。对大多数纽约客们而言，在嘈杂的纽约街头看到老且新潮的盖里多少有些意外，因为大师是长住西海岸的。他恍如置身荒野的恣意，似乎和这座密致的物质大都会格格不入。

　　芝加哥。

　　刚刚去过纽约的雷姆·库哈斯（Rem Koolhaas）正在芝加哥准备列席他客户的会议。中部的芝加哥要比纽约晚一个小时，不过，这位年近花甲的大腕儿素有早起的习惯，特别是在他的声望达到顶点的2001年，刚刚荣膺普利兹克奖的"老库"更是没理由偷懒。在芝加哥的伊利诺伊理工学院（IIT），库哈斯新获在建的竞标项目，并不是他迄今最有名、最成功的项目——事实上，在1990年之前，这位早年干过编剧和新闻记者的高个子荷兰人，除了写过一本关于纽约的书声名大噪之外，基本没盖过什么实际的东西——对他而言，在伊利诺伊理工学院的校园改造是一个极富象征意味的项目，在那个项目中，库哈斯将和另一位前辈大师进行对话，那就是将余生奉献给芝加哥的德

三宅一生纽约旗舰店，弗兰克·盖里事务所设计。

裔美国建筑师密斯·凡·德·罗（Ludwig Mies van der Rohe，1886—1969）。

8点41分，弗兰克·盖里的儿子亚力克山德罗回到下城去出席一个会议，盖里自己的一天刚刚揭开序幕，雷姆·库哈斯大概还在享用自己的早餐。他们中的任一个都不会想到，在数千英尺的高空，那架美国航空公司的11号航班上已经闹得一团糟，而这震惊了整个世界的事件，将把我们这本书里主人公们的命运，和纽约，一座似乎已经变化不出什么新鲜花样的大都市，意想不到地搅和在一起——

如同我们今天所获悉的那样，当时，飞机被以阿塔为首的五个劫机者劫持了，两个空乘被后舱的劫机者捅伤，其中有一个伤势还很严重，过道和驾驶员舱之间弥漫着一股刺激性气体，似乎是梅斯毒气；剩下的两个空乘邓月薇（Betty Ong）和麦德琳·斯薇妮（Madeline Sweeney）蜷缩在后舱的乘务员舱中，用AT&T的空中电话向地面报告被劫持的飞机的状况——直到这一刻，她们的声音听起来还算平静有序，但是在达拉斯美国航空管理中心的控制室里，人们已经开始不安地议论这架飞机的去向，看上去，它像是正迅疾地飞往纽约的约翰·

弗兰克·盖里

特立独行的弗兰克·盖里（1929—），不是一个可以轻易俯就他的生存环境的人，然而，1997年落成的古根海姆美术馆，却被誉为一座建筑救活了一座城市的典范，它"设计"的闪光点和大尺度的城市问题的解决之道之间，竟然也天衣无缝。在毕尔巴鄂，盖里闪亮的签名笔法，肆意而剧烈扭曲的镀钛建筑表面，不再仅仅是一种形式的游戏，它可以是为这个城市衰败的金属加工业重新设计的一张名片，更重要的，有人宣称这种追随"文脉"的律动，也为重新规划这个城市的交通系统提供了线索，它更在人工构物和广大的"自然"之间提供了一种新的平衡的可能。

肯尼迪国际机场（JFK）。

就在这一分钟，波士顿的美航服务办公室主任麦克尔·伍德沃德（Michael Woodward）再一次，也是最后一次接到了 11 号航班上的报告，斯薇妮的声音在这一刻突然变得异样起来，

"出麻烦了，我们正急速下降……"

"我们正在整个城市上空……"（We are all over the place）

伍德沃德急忙要斯薇妮描述一下窗外的情形，以便知道飞机正往何处去，那边，斯薇妮或许是看见了什么。

"我们正在低飞，我们正在很低、很低地飞，我们飞得太低了……"

"哦我的天啊，太低了……"

电话断了，两分钟不到，美国航空公司 11 号航班，一架 159 英尺长的波音 767 飞机（223ER），一头撞进了曼哈顿下城的世界贸易中心大厦北塔，一座边长 207 英尺的摩天楼。

"9·11"事件的那天早晨，凭着建筑师的天生本能，弗兰克·盖里的心中闪现出一个和疯狂逃命的普通人不同的念头。当大多数人灰头土脸地在人群中步行回家或投亲奔友的时候，盖里的目光却逆着人流，似乎想要穿过烟尘，看到不远处已经坍塌的世贸大厦现场。然而，这一回没人买他的账，即使是对这位著名的设计师，美国建筑设计业的品牌和骄傲。居住在仅仅十个街区之外的盖里，却要到两三天后，才能和纽约古根海姆博物馆馆长一起，远远地绕着废墟转上两圈。

库哈斯仍在芝加哥和他的客户们会面。这一回，他阅历丰富的客户们也懵了，目不转睛地盯着大屏幕里双塔的浓烟，面面相觑的人们并不是在讨论手头的这个项目是否还能做下去，他们压根就把身边这位"长腿的荷兰人"忘得一干二净了——世界末日真的要来临的话，即使真的上帝也救不了他们，何况只是自命为上帝的建筑师呢。几天

后，当他们缓过一点劲儿来的时候，才发现他们的客人库哈斯先生已经不知去向了。

这位前一年才荣膺世界建筑界的最高荣誉的荷兰建筑师，此刻早已经离开了芝加哥。因为不知道美国国内航班飞行何时才会全面恢复，库哈斯决定不再无谓地等下去了，他要在第一时间站在纽约，这座他曾经亲密接触过的城市。就是这座城市，曾经让他在 20 世纪 70 年代末以一本《癫狂的纽约》（*Delirious New York*），成为从未建过一幢房子、却红遍建筑圈的青年天才，那时，"库哥"闪闪发亮的脑门上的头发还不像现在这般稀疏。

在芝加哥，库哈斯雇了一名叙利亚裔的出租车司机，许以重金，让他长途开车将自己带到纽约。但是，沿着 90 号公路向东没开多久，夜色中的老库就发现自己犯了一个重大错误，这名冒冒失失的司机不仅开得太快太猛，还不幸长了一副中东人的面孔——"9·11"后没几天，美国各地就发生了多起袭击中东裔男子的事件，就在两人刚刚离开的芝加哥，在密歇根湖畔的海德公园，几名印度裔美国青年只不过是按原计划举行周末的野餐聚会，却被人们当做"嫌疑恐怖分子"报了警。一路上，在每个加油站停下来的时候，库哈斯都不免要提心吊胆地注视着自己的司机，祈祷他能够尽快买完自己所需要的东西，别和义愤填膺的"红脖"们发生什么口角，能够让自己平安地到达目的地。

"9·11"后的第四天，库哈斯终于和盖里一样站在了曼哈顿岛，离已被严密封锁的世贸遗址不太远的一块地方，他们终于都可以呼吸空气里仍未散去的混凝土灰尘味了。他们很兴奋，知道自己正目击历史，至于这以后能做点什么，他们可能还没有来得及理出些头绪。

在纽约发生的一切注定是和建筑师有关的。

有一点盖里和库哈斯可能至今也没有意识到：2001 年 9 月 11 日的

那个清晨，驾驶美国航空公司 11 号飞机第一个撞进世贸大厦的穆罕默德·阿塔，其实也有过一段学习建筑的经历——在埃及长大的阿塔，曾经获得过建筑工程学历，他还曾经于 1992 年到德国的汉堡科技大学读研究生。刚开始时，他和其他许多留学生一样，穿着整洁的西装，喜欢西方人的社会交际。据说，阿塔在班上成绩表现突出，努力学习，讲一口流利的德语，如果他预期取得学位的话，他也有可能成为一位出色的结构工程师呢。那样的话，当大师在这个星球的某个讲台上口若悬河之时，阿塔很可能只是听众里沉默的一员，连站票旁听的资格都不一定有。

更有甚者，被美国政府指责是 "9·11" 幕后黑手的本·拉登，早年居然也做过建筑生意，并因此发了大财。拉登家族集团麾下的 "本·拉登建筑公司" 是沙特最大的地产开发商之一，长期以来都控制沙特的大型建筑工程项目。近日的传闻说，他们正忙于竞标世界第一摩天大楼的建筑项目——"迪拜之塔"，这座大楼预计 2008 年竣工，高度将达到近 805 米，远远超过现在世界之最的台湾 101 大厦（508 米）。网络上纷纷谣传，说受过结构工程训练的本·拉登深谙钢结构的致命弱点：全钢结构，能够抗击高强度撞击的世贸并不是被撞倒的，当南北塔楼被撞击时，在里面办公的人们都感到了持续数分钟之久的摇晃，但楼并没有因此即刻倒下；相反，是满载航油的飞机引起的熊熊烈火熔化了钢结构的强度，面条一样的框架再也不能支持其自重，维持一个合理承重体系的形状了。

——换句话说，世贸大厦承受到的致命冲撞，不仅是纽约上空飞来的那两架波音飞机，某种意义上，它是被自己自上而下压垮的。它倒塌的方式如此出乎意料，以至于一直有人争辩说是某些 "阴谋家" 对它实施了定向爆破。

对盖里和库哈斯来说，"9·11"的那几天其实并不仅仅是关于世贸大厦，而是关于整座的纽约城市，关于它的全部历史和建筑师渺小自我间的冲突，他们如果能够听见斯薇妮生命最后时刻的留言，一定会感慨万千：

"我们正在整个城市上空……"

总是喜欢"宏伟的规划"（big plan）的现代主义巨人勒·柯布西耶，他笼罩城市蓝图的手掌可以和文艺复兴鸟瞰图中的上帝之眼相提并论，可是即使是那只手，和斯薇妮生命中最终目睹的疯狂一击相比起来，也显得太软弱无力了……

那一刻，这一切讽刺地掉了个个儿：大师们透过浓烟仰望着苍穹，而原先匍匐在这座城市脚下的全世界，此时却伸长脖子在纽约的上空张望。

在此之前，大概还没有谁想过，会有人以如此极端的方式去改变纽约，这个最难于改变的城市。到"9·11"这一年，纵使建筑师中的超级强人盖里和库哈斯，在纽约也不曾有太多重要的营建——无巧不成书的是，盖里在翠贝卡的三宅一生店只是在 2001 这一年才姗姗来迟，

勒·柯布西耶

出生于瑞士的著名现代主义建筑师勒·柯布西耶（1887—1965），他强有力的手指凌驾于规划模型上的一幕，已经成为 20 世纪这一学科的象征图景。而"不要琐细的规划、要制定宏伟的规划"一语则来自 1909 年规划了芝加哥、并设计纽约著名的熨斗大楼（Flatiron Building）的丹尼尔·伯纳姆（Daniel H. Burnham，1846—1912）。这本书的读者将会陆续看到，现代主义四大师（赖特、密斯、柯布、格罗皮乌斯），被誉为城市史领域最后一位文艺复兴式的知识分子刘易斯·芒福德（Lewis Mumford），乃至当代建筑的几乎所有代表人物如盖里、库哈斯等等，都对纽约极具趣味的城市发展，做出了各具特色的回应，无论是疑虑和抗拒，还是狂喜和张开双臂的拥抱，这些最前沿的头脑们的在场，使得纽约的城市史无疑也是一部现代建筑思想的活剧。

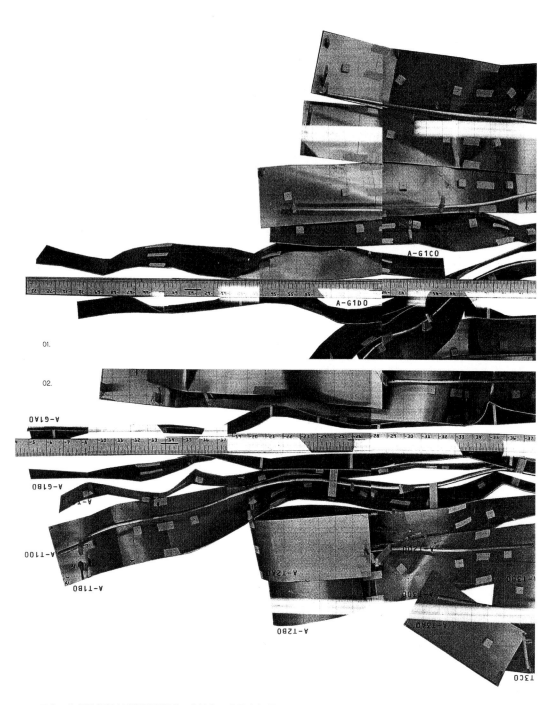

01.

02.

三宅一生纽约旗舰店雕塑装置模型，弗兰克·盖里事务所。

而比盖里晚了一代的库哈斯，也几乎是同时在纽约苏荷（SoHo）亮相，他的普拉达（Prada）时装店设计，号称"重新定义了一代人的购物体验方式"。

与使得世界历史改弦更张的"9·11"事件相比，这种微末的改写立时便显得黯然失色。

即使是盖里和库哈斯这样个性张狂不羁的建筑师，纽约也没有太多余地让他们表现自我，他们在纽约的设计，是隐入了这座城市混融而又不断变化着的形象的内部，宛如大海之中滴入一滴牛奶。纽约还是纽约，无论是革命，还是保守，它紧密的历史质地和鲜明的总体特征，使得任何一个挑战者都要三思而后行——从20世纪初开始，这座城市就慢慢变得如此矛盾，一方面它永远是世界上最"时髦"、最"先锋"的大都市，另一方面，它又很难有哪怕一点点些微的变化，它嘈杂却稳定的"形象"似乎永远是压倒那个不安地涌动着、却最终难以识别的"自我"的。

正因为此，当盖里和库哈斯仰望曼哈顿浓烟滚滚的天穹时，一定会惊愕地说不出话来。那几个本来该是他们学生辈的年轻阿拉伯人，竟然用如此粗暴的方式，强行撕开了曾让他们难以施展的这座大城的都市肌理——血肉和钢铁再次相遇之处，不再是大师玩弄于指掌下的美妙蓝图，烟雾尽散处，却现出触目惊心的、让人不安的空白。尘埃落定，这方将被永远铭记的"零地"（Ground Zero），就像公元前47年被恺撒烧毁的埃及亚历山大图书馆一样，势必会激发起人们对于伟大城市生生死死的感喟与探究。

纽约，这辆落满"旧"的灰尘的地铁列车，是如何从那个两百年长的涵洞里驶出，驶向今天"新"约克（New York）终于可以拨打手机的车站的？[1]

[1]
因为种种原因，有着一个世纪历史的纽约地铁系统一直不能拨打无线电话。2006年，纽约公共交通当局和主要无线通信服务商的谈判一度露出曙光，在这本书完稿时，旷日持久的谈判依然在进行之中。

1

涅槃

将评说我们的，不是那些我们所建造的纪念碑，而是那些我们所毁弃的。

——《纽约时报》，1963 年 10 月 30 日

零度以上

世界贸易中心所在的"零地"，是独特的"16 英亩"，2001 年 9 月 11 日袭击后的好几个日子里，位于荷兰隧道（Holland Tunnel）以南、翠贝卡区之中的这 16 英亩，成了全世界最为瞩目的一方土地，经历着科幻电影里才会出现的场面。航空燃油不完全燃烧产生的浓烟从废墟的上空升起，久久不能散去，曾经那么高岸巍峨的建筑，那么坚不可摧的钢骨和混凝土的聚合体，此刻却化身为零乱不堪的碎片，和万千无处不入的细小粉尘，让无数昂贵的摄影和精密仪器设备不得不拿去彻底清洗。

据说，最不知疲倦的粉尘已经漫游到了大西洋另一侧伦敦市的上空。

这一次，平素里车马如龙的世界第一大都市陷入了一片死寂。纽约市政府所能想到的最紧要的事情，就是悄无声息地订购了 11 000 个尸袋——这个远远超出所需的数字不能证明他们的效率，只能反映彼时的慌乱无措：这两座高楼的前生井然有序，身后却是一片狼藉；除了 3000 余具严重残缺的尸体有待寻找，"零地"上还有 28 万吨废铁和数量更多的其他垃圾等着运走；而被砸得鸡零狗碎的大部分废墟，压根儿没有一条人可通行的道路。面对这些啰唆事儿，除了心中按捺不住的怒火和悲伤，纽约市的大小行政官僚们一定还会感到头痛，就是他们中间最有涵养的绅士，大概也会忍不住在心里骂上一句：

"What a mess！"（真他妈的一团糟！）

重建美国骄傲最简单的办法无疑是原样修复。被另一伙阿拉伯人撞毁了一角的美国国防部五角大楼，没多久就恢复了本来面目。但是，世界贸易中心是一座私人拥有的商业建筑，它不是在华盛顿郊区幽秘的树丛中，而是在人口稠密商贾云集的纽约下城，它的曼哈顿地标的荣光，不仅仅属于纽约市民，也属于哈德逊河对面的新泽西州政府和其他合伙人。对于"9·11"这样一个国家性的事件所造成的灾难性后果，美国政府绝不会无动于衷，但是，在这样一个私人财产神圣不可侵犯的国度，在纽约这样一个水泼不进的利益纠葛的网罗中，如何完美地补上这个被粗暴地扯开的口子，却不是一个宗教情感和政治权谋可以迅速扯平的问题。

其实，2001 年夏天，就在阿塔等人踏勘他们的"9·11"现场之际，这座建筑的大东家，纽约港务局（Port Authority）正打算把经营状况不那么良好的世贸大厦的权益转让出去，在"9·11"事件发生之前的几周，他们本已和私人开发公司拉里·西尔弗斯坦（Larry Silverstain）初步达成了协议，可是突如其来的巨变使得一切改弦更张，在美国政

密斯·凡·德·罗

菲利普·约翰逊

纽约与"建造"

在它发展的不同年代，纽约的建筑项目集中了人类工程的顶尖技术，在哈德逊河上，有连接曼哈顿与新泽西州李堡（Fort Lee）的乔治·华盛顿大桥（George Washington Bridge，1931 年投入使用），川流不息的95 号州际公路由桥上通过，由此它成为世界上最繁忙的一座大桥。东河上曼哈顿下城和布鲁克林之间的布鲁克林桥（Brooklyn Bridge，1883 年投入使用），则是美国最老的悬索桥之一，跨度为 5 989 英尺（1 825米），建成的当时，它是世界上最大的和第一座使用钢索的悬挂式桥梁。在美国的历史上，它不仅仅是一桩技术工程的奇迹，也是彼时美国人民乐观主义的象征。

而位于中城的西格拉姆大厦（Seagram Building）则从另一个角度凸现了技术的意义，那就是"国际式"中蕴涵的技术精美和极简主义的趋向。这幢摩天楼的外观是一个竖立的长方体，除底层及顶层外，自上而下几乎没有任何变化，简约的结构体系对应着的是细细推敲过的细节，骄傲地宣谕密斯"少即是多"的信条；染色隔热玻璃构成的琥珀色幕墙，镶包在青铜的窗格里面，透出一种纯净而华贵的气息，这种细心经营过的、多少有些欺骗性的"坦诚"，和布鲁克林桥巨大钢索之中粗粝的美学形成映照。

山崎实

罗伯特·摩西

约翰逊 vs 山崎实

活到将近一百岁的人瑞菲利普·约翰逊（Philip Cortelyou Johnson，1906—2005）是笼罩 20 世纪纽约建筑界的骨灰级偶像。早年尝试过记者和军人的职业，他最终同时身兼建筑师、艺术家、评论家、策展人的角色，在可观的生命跨度之内，孜孜不倦地游走于这些领域之间 —— 就连他黑色的厚框圆眼镜，也成为建筑师争相效尤的时尚。除了他本人的建筑作品，约翰逊还以纽约现代艺术馆（MoMA）的建筑策展人著称，组织和支持了包括"国际式"（1932）、"纽约五"（1969）在内的重要展览，并且将数位欧洲现代主义大师的影响带到美国。

像他多变的身份一样，对 20 世纪的建筑学来说，约翰逊是个充满矛盾的角色，他生长在旧文化的氛围之中，"高等文化"的精英思想在他的身上有着深深的痕迹，在政治上，1930 年代的约翰逊同情文化优等论的纳粹政权，时常压抑不住地流露出主流白人的反犹情绪。但是，在他身上，偶像式的傲慢和平易的幽默感不可思议地结为一体，使得他在洁癖的现代主义之外，能够轻松地切换到流行文化的风向，开辟新的作战领域。第二次世界大战之后，他在纽约参与的几乎每件作品都成为领一时风尚的文化符号，比如西格拉姆大厦（1958 年，与密斯合作）、林肯中心（1964 年，负责其中的纽约州剧院和规划设计）、AT&T 大厦（1984）和口红大厦（1986）。

和全能的约翰逊相比，山崎实（1912—1986）的职业生涯便显得默默无闻。生于西雅图的山崎实是第二代的日裔美国人，当就读于哈佛大学的少年约翰逊在欧洲游历之际，出身寒庶的山崎实要在阿拉斯加的一家三文鱼罐头厂打工，才能凑足他的华盛顿大学学费。作为谢里夫、兰姆和哈门（Shreve, Lamb and Harmon）的雇员，山崎实参与了帝国大厦和另外一些地标式建筑的设计工作，见证了纽约天际线的第一波崛起。第二次世界大战之后，山崎实开办了自己的设计业务。

罗伯特·摩西

罗伯特·摩西（1888—1981）或许是 20 世纪中叶纽约城另一位真正的"建筑大师"。无论他赢得的美名和恶名，都可以和改造第二帝国时期巴黎的奥斯曼相提并论。在 30 到 50 年代的近三十年里，他大大提高了公共权力部门在城市开发之中的作用，以遭人诟病的强力推行了一系列改造水滨、道路和社区的大型项目，以及1939 年和 1964 年两届纽约博览会，将联合国总部带到了纽约。人们普遍认为，如果没有摩西，在私人利益聚讼不休的纽约，恐怕永远也不会有那些沿用至今的大型基础设施，使得全岛的长远发展变得更加便利；但与此同时，他撕裂社区的迁置，导致了南布朗克斯和康尼岛的持续衰败，而他对普通人生活方式的漠视，也带来了破蔽的公共交通和一系列的社会问题。

府和社会各界的密切关注下，由利益各方促成了一个新的经营团体，叫做下曼哈顿开发公司（LMDC），和原有的合伙权益人纽约港务局和一河之隔的新泽西州，组成了三足鼎立的重建运作方。

对这群人来说，比清理"零地"上的一片狼藉更棘手的，是同一幢大厦的生命之中要塞进太多的东西：草根民众的情感，国家机器的诉求，私人资本的利益……

那就是迄今仍未结束的世贸重建工程。

纽约似乎是建筑师的天堂。可是，这城市真正合建筑师心意的"设计"并不常见，仔细想想，你并不难发现其中的蹊跷——毕竟，"建造"和"设计"并不完全是一回事（尽管"建造"常以"设计"的名义改头换面出现），"建造"常需埋没个性，"设计"却要张扬自我。在纽约，通常一个初出茅庐的建筑师要么在半地下的煎熬中等待扬名立世的机遇，要么在"企业化"的不归路上，老老实实地做"建造"的仆人。在政治强梁、财阀势力和新近崛起的市民团体的夹缝中，"设计"这个原本意味着控制和经营的词，却往往显得如此无力。

密斯·凡·德·罗就曾经揶揄道，偌大的纽约，他唯一喜欢的一件"设计"不过是哈德逊河上的乔治·华盛顿大桥——当然，他自己的作品西格拉姆大厦则是个例外。

在大众媒体上，诸如盖里或库哈斯这样的建筑大师是知名建筑的最大受益者，似乎是一拍脑瓜，在他们的心血来潮里，一座座城市便绘就了它们璀璨的面貌，可是，在实际的名利场运作中，声名远播的建筑师却往往是金钱和政治角力的陪衬，1960年代原有的世贸大厦项目，没找上当时如日中天的菲利普·约翰逊或是路易斯·康，而是选择了一个名不见经传的日裔美国建筑师——结构功夫老到的山崎实

（Minoru Yamasaki），后者放弃了光辉熠熠的玻璃幕墙或密斯式柱网，代之以一圈貌似纤细的、排列很密的钢柱，外表包以银色铝板，远远看去像是一层轻巧的竹幕，丝毫不流露里面新颖结构的奥秘。和先前中城几座嚣张的"婚礼蛋糕式"摩天楼——比如帝国大厦——相比，这么重要惹眼的世纪之作，最终流于一种微妙的，也可以说是平庸的不动声色，这甚至让大多数评论家也大跌眼镜。

在通俗想象和实际困境的龃龉之中，类似世贸中心重建这样的机会，对建筑师们来说变得非常罕见。

在金字塔底层，建筑师的声音原本不容易让大亨和政客们当回事儿，但如今，当政客们一遍遍在电视上重弹"与恐怖作战"的老调，意识形态从来没有在自由散漫的纽约如此凸显，"主流"建筑的调门意外地变得洪亮起来——套句行话，这"主流"就是强调建筑学科自治性的"设计至上"（design-oriented），而非政治、经济挂帅，让令人忍无可忍的外行主意，憋屈了设计师们天才的创造力。

"设计至上"究竟谓何？设计真的可以脱离它的技术、文化乃至政治背景而卓然自立吗？还是建筑师想集这几项使命于一身的雄心太过托大？就算一座建筑没准可以全交由建筑师摆布，大到一座城市真的可以被"设计"吗？不管怎么说，反面的教训数不胜数：从前，大的商业项目往往流于平庸甚至恶俗，那不一定是因为建筑师们有多差劲，而是因为他们的建议被太多决策者当成了耳边风。

——尤其是第二次世界大战之后的纽约，由于缺乏强有力的、哪怕是有点独裁的决策者比如罗伯特·摩西（Robert Moses），这座城市已经很久没有一个性格鲜明的建筑项目了。

这次，一个私人开发的项目却有着太多不能承受的"公众"之重，无论纪念风格的考量，还是与城市文脉的契合，都成了无法回避的话题，即使是最四平八稳的企业化设计公司也开始显露了峥嵘，SOM

SOM

戴维·蔡尔兹（1941— ）是 SOM 在纽约的负责人之一。SOM 于 1936 年奠基于芝加哥，作为一家企业化、但在设计上不无追求的大型建筑公司，它的声名和作风可以和 20 世纪上半叶在纽约如日中天的麦克金、米德和怀特（McKim, Mead, and White）相提并论——尽管二者代表的建筑风格似乎势如水火。同时也是浦东金茂大厦的设计者，SOM 以现代风格的玻璃摩天楼闻名，它设计的上万件作品统治了许多国际城市的上空。

"9·11"和下城的新机遇

"9·11"不仅导致了世贸双塔的倒塌，还毁坏了周边的城市建筑，并使得这一区域的基础设施陷入瘫痪。城市规划和设计的领导者们，由此希望使这个悲剧成为修补城市格局的契机。在私人开发和城市公共事业不易调和的矛盾里，人们看到了两重问题和希望：其一，20 世纪 60 年代庞大的世贸大厦开发，遵循的是"超级街区"的模式，而在新建筑群落的布置之中，纽约人则希望旧有的小尺度街道格局能够得到尊重；其二，虽然世贸地下的地铁系统一年内就得以修复，城市的规划者们希望趁热打铁，通过重新规划哈德逊河下的新泽西—曼哈顿隧道交通（PATH）和世贸的连接，在岛的西部创造出另一个便易而有活力的交通枢纽，将来甚至可通达肯尼迪机场和长岛捷运线。

就连建筑设计自身也成为公共交流的契机，为了"自由之塔"的设计方案，纽约市破天荒地举办了 5000 人的讨论会，最后决定从世界各地的建筑师那里寻求设计的灵感，9 个建筑师团队（Studio Libeskind, Foster and Partners, Meier Eisenman Gwathmey Holl, THINK Team, United Architects, Peterson/ Littenberg, SOM）通过了初选。

世贸大厦项目的前生今世：洛克菲勒家族推动的这个项目经历了差不多二十年的历程。

（Skidmore, Owings, & Merrill）的戴维·蔡尔兹（David M. Childs）对纽约市缺乏"公共空间"的公开批评，便一度迫使下曼哈顿开发公司重新考虑新世贸的起点，整个设计几乎从头做起……

这一次，至少是表面上，重建纽约城市的天际线不再仅仅是帝国霸权的象征再造，它也下降到地面上芸芸众生的诉求与感性，一个更体现民主、公开的美国气度的国际建筑竞赛程序呼之欲出。

毗邻"零地"的世界金融中心的"冬园"（Winter Garden），就可看成是对蔡尔兹批评的一种注解——此类在普通人需要和垄断资本权益间进行调和的准公共空间，是近三十年来纽约新发展的风向标，虽然依旧微不足道，却足以引人注目：就像它的名字暗示的一样，"冬园"虽然是私人产权的专有领地，在曼哈顿枯涩的岩石山中间，这个巨大的玻璃中庭却挤出一线墨绿色的生机。

如今，它成了建筑大师们表演的临时舞台。

在这里，下曼哈顿开发公司收到了406个设计团队的申请，这些建筑师大多组成一个协作团队集体参赛，只有自信满满的丹尼尔·李布斯金（Daniel Libeskind）和诺曼·福斯特（Norman Foster）单刀赴会。在这样一个120亿美元的项目的重要竞赛里面，权势和金钱的光芒使人几乎睁不开眼睛，相形之下，建筑师的赫赫声名或学术成就已经不再那么醒目了，被淘汰的名单上，我们可以看到一长串令人肃然起敬的姓名，像罗伯特·斯特恩、罗伯特·文丘里和丹尼斯·斯科特·布朗、卡拉特拉瓦、埃里克·欧文·莫斯，伯纳德·屈米（Bernard Tschumi）……

并不是所有国际知名的建筑师都对世贸大厦的竞赛趋之若鹜，在美妙的光环下，很多人早已看清了："竞赛"不过是随新的一轮商业和政治利益角力而起舞——竞赛中有着太多不属于竞赛的东西。许多人

"自由之塔"被说成是一只向哈德逊河对岸的自由女神像挥舞的手臂。

李布斯金 vs 福斯特

丹尼尔·李布斯金（1946—）因其设计的柏林犹太人博物馆而一举成名。但在此之前，里布斯金则是一个"纸上来纸上去"、从未建起过一幢真实建筑的实验建筑师。作为"解构主义"的代表人物，虽然"解构主义"绝不仅仅意味着视觉形式的解构，他的作品却予人以这个名词的形象图解。

诺曼·斯福特爵士（1935—）其实是一个英国工人阶级的儿子，早年的他对莱特和柯布西耶的作品深有兴趣。福斯特和合伙人事务所始建于1967年，此后将近二十年的时间里，福斯特和美国建筑师、工程师，曾经提出惊世骇俗的"纽约穹顶"方案的理查德·富勒（Richard Buckminster Fuller）进行了卓有成效的合作，在这一过程之中，福斯特脱却了现代主义的不能承受之重，却继承了它熠熠生辉的外表，开始赢得了"高技派"的声名。如果李布斯金闪亮而精致的外表多少给人大言欺世的印象，福斯特冷峻的"高技术"却是名至实归。

丹尼尔·李布斯金 诺曼·福斯特

"零地"的一片狼藉。

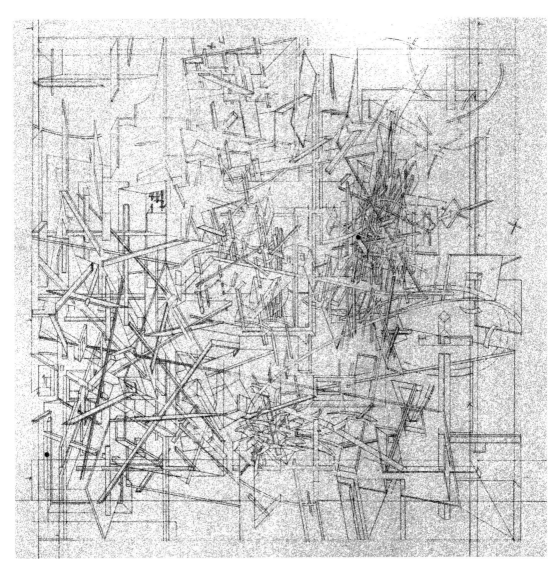

李布斯金的"纸上建筑"Micromégas 取义于伏尔泰的幻想小说。

私下里议论说，区区四万美元的奖金简直就是贬低这么重要项目的意义；而功成名就的老大师们，以及那些和业主有着特殊关系的建筑师们，他们对于这类竞赛的含蓄态度则耐人寻味。[1]

对更多的建筑师而言，竞赛的"公众性"意味着"参与"重于一切。

安藤忠雄，一位远在纽约万里之外的、我行我素的日本建筑师，大咧咧地提议，用一座东方的"坟"，一座微微隆起的圆形草坡来取代原先那两座雄性的、咄咄逼人的塔楼，这样无视实际商业指标的提案，与其是想获得中奖机会，不如说是隔着大洋露个脸凑个热闹。秉持某种"智识阶层的干预"（intellectual intervention）思想的设计师也不在少数，无论是斯特恩、文丘里或屈米，他们的提案并不指望在主流商业运作的框架里成为现实，但是作为活跃在纽约周边的理论家和教育家，他们或许相信，即便象征意义的参与也必不可少。[2]

设计竞赛的第一阶段对决是在丹尼尔·李布斯金、诺曼·福斯特以及其他几位建筑师之间展开的。

李布斯金，一个在纽约布朗克斯长大的波兰犹太人移民，在此之前从没设计过一座摩天大楼，他的"从纸上来，又在纸上结束"的高度解构主义风格，也没多少人可以轻易看懂。他做的第一件事就是将水平的"纪念基石"拆卸，再在垂直方向上组装成一把插向蓝天的利刃，李布斯金声称，他的设计中的鲜明硬朗的折线，"通俗说来"便是将棱蹭不平的岩石解剖开了，再设法连接起来，事后，他的听众们抱怨说，他们还是没太搞明白，李布斯金充满感情的陈述是如何和这些没有明确含义的逻辑挂上钩的，他基本上不怎么援用大众化的建筑术语，比如平面、立面、体积等等。

[1]
通过业主的直接委托，弗兰克·盖里的公司（Gehry Partners LLP）和斯诺赫塔（Snøhetta）不动声色地在富尔顿街（Fulton）和格林威治街（Greenwich）交集处获得一个表演艺术和博物馆的群落的项目；西班牙建筑师卡拉特拉瓦（Santiago Calatrava Valls）输掉了"自由之塔"的竞赛，却因为他在建筑结构设计方面的卓著声名，当仁不让地挑起了为世贸配套工程PATH车站进行设计的任务。

[2]
在建筑方案竞赛之后，又举办了一轮纪念景观设计的公开竞赛，5201个参赛方案来自美国几乎所有的州和世界各地的63个国家，而实际注册参加的人数和国家数差不多是这个数字的一倍，在这群人中胜出似乎就和中彩票一般。然而，众望所归的麦克·阿拉德（Michael Arad）和彼得·沃克（Peter Walker）并无悬念地获得了最终的胜利。

但他似乎也不太关心经济指标。

公允地说，李布斯金是个极富想象力、不囿于陈规的建筑师，他的设计完全更改了老派的纽约客心中"摩天楼"的一般概念：一座七八十层剧烈扭转的高楼和一层闪亮的网络表皮围拢的"空中花园"叠加、融合，这巨构和传统意义上的"纪念"、"权威"无甚关涉，倒是充满了未来世界的飘忽不定；那个被形容成"风车"般偏移的螺旋结构，构成优雅而锐利的垂直动势，更像是曼哈顿岛划开哈德逊湾波浪舰首的前桅。

但是，立足于纽约的李布斯金也并不是个鲁莽的天真汉，全然不谙权谋和名利场的逻辑，除了和纽约上层政客打得火热之外，他显然深深懂得，必要时该如何说几句俏皮的大白话，以便大众顺利解读自己的抽象风格。比如，有人考究他方案里"自由之塔"和 PATH 车站的关系，他指出，他那么做，完全是为了使得建筑的基址能够和哈德逊河对岸的自由女神像连为一线——如此，在平面上两座不同样式的"自由之塔"便可遥相呼应。

身材高大的福斯特爵士是第二个出场的演员，这位领衔北京新机场三期方案的英国设计师极端高傲而自信，虽然素以建筑结构设计上的造诣而著称，他说服观众的风格却出人意料地远离工程术语，也和个子矮小而活跃的李布斯金完全不同：

> 建筑事关需求——人们的需求——这个项目始自本地社区的需求，然后，它向外转全它从属的城市，然后扩展到全球的尺度。
>
> 你如何丈量公园中婆娑的树影？你如何丈量不可见之物？你如何丈量空洞？丧失？记忆？你如何在生命和苏醒之间取得平衡？

福斯特方案:一对扭抱着接吻的恋人。

福斯特对于以上问题的答案是两幢天外来客般的大厦：不像传统摩天楼的直上直下，这座建筑棱角分明，它的斜肋架构使得大厦的边缘似乎起了"皱褶"，双塔间的三个结合点使得它们就像布朗库西（Brancusi）的著名雕塑，宛如一对扭抱着接吻的恋人。后来的事实证明，福斯特爵士的新颖结构不仅仅适用于"空洞、丧失、记忆"或是"生命和苏醒之间的平衡"，它也可以适用于任何允许他的创造力主导的场合。

这些修辞难免像些应景的包装，它们和"零地"的关联启人疑窦。

如果，在竞赛第一阶段，前卫的李布斯金的胜利多少有些出人意料，最终他却无可奈何地丢掉了五年之久的战斗。2006 年 6 月，经过重新设计的世贸大厦终于尘埃落定，或多或少地，它抹去了李布斯金最初获奖设计中的亮点，它的再次不可避免的折中形象上，涂满了各色社会协商而带来的平衡印记：新世贸楼群不再是某一个人的作品，而是分配给数位著名建筑师和事务所；它的主楼"自由之塔"高 1776 英尺——1776 是美国独立宣言发表的年份；新塔楼旋转了 45 度，据说，这 45 度的旋转是为了同时照顾"两方"——四平八稳的地产金融学，和急于再次向世界显现自己的、不安的美国精神——的感情，不变的，是对于逝去的世贸大厦方正体积的追念，扭转的部分是综合四周环境、在建筑轮廓上造成一种流动的空间感；最上端的尖杆电视天线，是照明设计师、SOM 的工程师和艺术家肯尼斯·斯奈尔森（Kenneth Snelson）通力合作完成的，它偏在建筑的顶端一角，使得整座建筑好像另一座放大了的自由女神像，向夜空中伸出火炬般发亮的手臂。

那片晦暗的烟雾散去之后，史无前例的灾难在纽约下城创造了一个难得的空白，它使人们首先想起的，就是"变化"对于一座城市的真实意义："建筑"在这里不仅仅是风格标识的符号，而是一个动词，一个没有清晰的开始标志，也没有预期的结束时刻的过程；在新千年的伊始，这旧世纪所缔造的最伟大城市的复杂性，怕是远远超乎观光客的想象之外。

或许，新世贸竞标将成为建筑历史上已知最复杂设计竞赛的例子，它充满了政治权谋、文化霸权和商业资本的勾心斗角，本出历史活剧尚未谢幕，为它写出的专著就已有数本之多。

这百老汇大道之外的演出，使寻常人们看到了许多不寻常的戏剧情景：李布斯金谦恭而活泼地向纽约市长和纽约州长展示自己的方案……在那些高他一头的政客们面前，这位小个子建筑师衣冠楚楚，相对于福斯特的矜持，他的生动多少显得有些滑稽，但是，当他们俯瞰桌上建筑模型的时候，他们都和巨手拂过规划模型的勒·柯布西耶一样，是些将主宰，或渴望重新书写普通人命运的巨人。

用不着回到"婆娑的树影"，或是那些虚无缥缈的"不可见之物"——但我们却要真切地询问自己：作为平凡人群中的一员，作为和这些营营役役无关的我们，该如何审视和描绘纽约这座城市？长久以来，我们有着对于"物"的根深蒂固的艳羡，不管是对于古老和尊贵的迷恋与耽溺，还是对于异域文明的顶礼膜拜，都打上了"高等文化"的深深印记，在这个意义上，城市不再是一个生活的场所，它成了体制的符号衍生物；而近年来，我们也见多了朴素的道德感带来的矫枉过正，无论"原生态"或"自发性"，都容易失重到一种乌托邦的境界：和乡村代表的天然社会正义恰成映照：城市不再是文明的反应堆，而成了黑暗的罪恶渊薮。

——那些忽视了社会协商的复杂性的人，那些将建筑师和他们业主间的战斗描绘成艺术创造和俗世权力间对决的人，那些将不完美的都市实践总结为某一种制度的命中缺陷的人，可能都过于天真了；但是，我们若是以为对于城市理解的不同角度，只不过反映着"专业人士"和普通人之间的差别，这样的观点也是值得质疑的。

当代建筑师或许当然地把自己置于文化英雄的角色。他们中的大许多人把自己包装成和体制作战的勇士，每个人都是天然的正义者——包括斯蒂文·霍尔在内的一批世贸竞赛落选建筑师，逢个人便抱怨权势者粗暴地剥夺了自己优秀作品当然的胜利。可是，大多数时候，普通人并不认可精英建筑师们的呼吁，大众其实并不关心由谁来重建这座城市的纪念碑，谁又在这笔交易后面得到什么好处。他们需要的，不是不着边际的说教和无望的反抗，而是实实在在的感官愉悦。

在曼哈顿没有当然的正义。权力、财富和对它们的顶礼膜拜，都是这个城市的一部分，没有人能置身其外；有条件开放给市民的"公共空间"，以及那些"闲人莫入"的深邃门庭，同样吸引来自街边的眼球……对于老一辈的马克思主义理论家而言，"黑"和"白"的差别，或许已让"内"和"外"的混融，搅和得混淆不清、令人迷惑。

现在无论是李布斯金还是福斯特都会皱起眉头了——在世贸重建的案子里，无论是大名鼎鼎的房地产商，大众媒体的宠儿唐纳德·特朗普（Donald Trump），还是国际传媒业的大亨们如福布斯的老板斯蒂夫·福布斯，MSNBC 的老板大卫·舒斯特和德罗·默多克，都支持基本原样不变重建世贸大厦——那些站在权力巅峰的人，他们的趣味却和"低俗"民众的惊人相似——看来，在不同文化符号的遴选中，如今萝卜或青菜只能代表"情境逻辑"的不同，而不能断然划定出身等级——有谁能说，反对上层阶级的审美标准，便一定是为劳苦大众张目？

在纽约，这样的争论永远也不会结束，在深绿色玻璃笼罩着的"冬园"之中，暂时，它们也还没有广为人知。在所有喧哗的下方，"零地"之上暂时还是一片难得的空寂。在曼哈顿无与伦比的密度之中，这空无显得尤为惊心触目。

世贸大厦的基本建造单元：一圈貌似纤细的，排列很密的钢柱，用水平空间网架系在一起。

纽约市政府订购的 11 000 个运尸袋最终没派上什么用场。

事实上，遇难者的家属们没有任何东西可以埋葬——那些不幸的人们或是从近千英尺的高空一跃而下，化成一阵"粉红色的雨"，或是被数百万片高速旋转着的建筑碎片切割，他们的尸体，大多已被撕成了无法辨认的残迹，他们身后的空无使人毛骨悚然。美国，一个习惯于用工程师的头脑来经营商业和战争的国度，可是这样一个"项目"的开头不是建构，而是拆除——它空洞的结局真是匪夷所思。

在最初营建这座建筑的时候，这块 16 英亩的土地曾有大量的土被移走，从原址挖出的土方用来兴建了邻近的炮台公园（Battery Park）；如今，这块烟熏火燎过的"零地"代表着两幢骇人地消失了的建筑，用它的货币价值衡量，是当初建造这座大厦的 5 亿美元；如今，坍塌解体的世贸大厦的多达 181 400 吨的钢铁，被以 120 美元每吨的价格卖给了中国、印度和韩国，折价仅仅 2 176 800 美元，就是不考虑四十年来通货膨胀的因素，也已经贬值到了原造价的 1/200。

"缩了水"的那一部分城市在哪里？有人给出一个重新加权之后的等式：该用这些钢铁制成差不多 10 万枚沉甸甸的 1 磅重的世贸大厦纪念章，正好拿来埋在阿富汗的美军战场和其他纪念场合，对于分解后的曼哈顿下城的这部分美国，它们将成为它在这个星球上一片片小小的飞地；另外的一部分，可以制成沾染着荆棘上基督鲜血的十字架出售（是的，他们不是在开玩笑），它们甚至可以拿来制成汽车部件，它们将在美国的血脉中继续流淌……

它们象征着建筑所构成的这个国家的三块基石：世俗的荣耀、宗教情感和经济动力。

可是，这些挖空心思的举措很快便无疾而终了，"零地"上剩下的更多是完全面目不清、也全然不能利用的废料，它们包含着融化的

纽约移民史

纽约城市的历史同时也是一部移民史。19 世纪的爱丽丝岛（Ellis Island）曾经见证了大批逃避饥荒和政治迫害的欧洲人抵达曼哈顿岛。1924 年，联邦移民部门开始限制移民的流入，20 世纪 20 年代到 70 年代早期，诗人爱玛·拉扎卢斯（Emma Lazarus）笔下的"金色的大门"便向那些满怀美国梦想的人们关闭了，到 20 世纪 50 年代，已经有 80% 的纽约客生于美国，纽约渐渐又回转为一个本土居民统治的美国城市。

转机始于 1965 年的哈特—塞勒法案（Hart-Celler Act），新的移民浪潮使得纽约重新成为一个多元的国际都会，20 世纪 70 年代，有超过 800 000 名的新移民纽约，20 世纪 80 年代这个数字则超过 100 万。历史上，潮水般涌入纽约的主要有南美人、苏联革命后移居美国的犹太人、东南亚难民和来自加勒比海国家、印度次大陆、中非、中国、墨西哥、希腊、土耳其的移民，他们说着多达 180 种的各种语言。世贸大厦本身就是一个小小的联合国，在同一部电梯中，"锡克裔的计算机程序员、以色列的会计，以及从逐渐涌现的金融市场中漂洋过海而来的马来西亚、叙利亚和乌拉圭的金融专家"面对面地站在一起。世贸大厦顶层的"世界之窗"的 79% 的雇员包括了 30 个不同国家来的移民。

市长们

共和党人菲奥雷洛·拉瓜迪亚（1882—1947）在 1934 年到 1945 年之间连任三届纽约市长。他有一个滑稽的别号"小花"，那大概是他意大利名字的含义。将纽约从大萧条的阴影之中带出的拉瓜迪亚，并不是一个理所当然立场偏倚的意大利移民后代，在他的打击下，1930 年代低层意大利移民为主的有组织犯罪得到了良好的控制；面对罢工要求提高待遇的电台雇员，他亲自拿起话筒朗读漫画书。

在本书之中还要提到的几位纽约市长分别为乔治·麦克克莱伦（George B. McClellan Jr.，任期 1904—1909）、爱德华·科赫（Edward I. Koch，任期 1978—1989）、鲁道夫·朱利亚尼（Rudolph W. Giuliani，任期 1994—2001）和现任市长迈克尔·布隆博格（Michael R. Bloomberg）。

钢铁、厚厚一层混凝土的粉末，合成和有机材料的灰烬，还有人的血肉……它们统统被送去了斯塔滕岛上的垃圾掩埋场。

心灵的创痛缓慢平复时，物质世界正无情地流转着……在这脆弱而可疑的平衡中，我们不禁会停下来问一问，代价昂贵的人类劳动的价值流失到了哪里？而"建筑"或"设计"一座城市的意义又在哪里？

大概没有多少人能概括又不失深度地回答这些问题。但"9·11"和"9·11"之后在"零地"上发生的一切，却使这些问题被推向前台。一座城市绝不仅仅是它所带来的物质建构，这些物质建构同时也包揽了文化运作的命题：和古典城市不同，当代大都市再也无法在一种含混的总体和谐中隐匿它的内在冲突，相反，它愈来愈趋向鼓励这些冲突展露其自身；在热闹喧哗的"多元性"之后，平衡只是脆弱和暂时的，而欲望却把人们的期求和惊骇一次次地推向边界。

——从惊骇滑向坠落的路程不一定都是可逆的。

在纽约，一个极端自信而少反思的城市，如此多的矛盾被纳入了同一个肌体之内——"9·11"并没有创造这些矛盾，它只是暴露了这些矛盾。而这个复杂的新时代症候群来源已久。

熔炉

首先是黎庶众生，而不是精英建筑师，塑造了纽约众所周知的形象。

第一次来到纽约的委内瑞拉新移民安吉丽娜，像无数曾经莅临这个城市的移民一般，受教育水平不高，却吃苦耐劳，有着一张生动的、充满好奇的新鲜面孔。

在海关报关处等候并折腾了好一阵之后，拎着两个沉重的行李箱，

"整齐而纷繁"加上"杂乱而有序",eboy 笔下的卡通纽约。

她懵懵懂懂地走出了拉瓜迪亚国际机场。迎接她的第一个消息就不近人情，非常"纽约"：上晚班的亲戚工作出了点问题，不能请假来接她了，安吉丽娜只能自己进城！她要一个人坐车到曼哈顿中城亲戚上班的地方来。叽里咕噜说了半天，安吉丽娜惊讶地发现，拉瓜迪亚国际机场居然没有地铁。"加拉加斯城都有地铁……"她嘟囔着说。

这座最初在一个公园上建起的纽约空港刚庆祝过它的 65 周年生日——拉瓜迪亚机场 1929 年就已经成为一个私人飞行基地，1939 年它正式成为纽约市的主要机场，并以这期间的纽约市长菲奥雷洛·拉瓜迪亚（Fiorello H. LaGuardia）而命名。这机场差不多八十年的沧桑外表，立刻给安吉丽娜上了关于纽约的生动一课：此"纽约"非彼"纽约"，地铁线居然并不直接抵达机场，只不过是其中一个小小的意外。坐在奔驰于皇后区的公交车上举目望去，周围是一片杂乱无章、参差不齐的旧建筑，没有自由女神，没有高楼大厦，甚至也没有梦想里一排排林荫下的白色小洋房。

安吉丽娜打听到，她要先坐公共汽车到曼哈顿岛，再转向她的目的地，比如，她可以坐 M60 路到哥伦比亚大学，再换到地铁 9 号线或 1 号线——线路的终点曾经是世界贸易中心。在车上颠簸了 40 分钟，天色已晚，隔着东河，影影绰绰地，曼哈顿中城蔚为可观的天际线终于出现在了她面前，不像热气腾腾的城市，倒像画里一片糊涂潦草的寂寥风景——不仅仅是安吉丽娜，车上还有几个初到纽约的少年人，都欣喜若狂地摸出相机照了又照，可那只是短暂的激动。

只一会儿，公车越过了大桥，他们便一头"扎"入了另一个陌生的世界。

满大街都是人群，密密麻麻的人流所及之处，到处都是骇人的人造物，漫无边际的半新不旧的建筑，式样五光十色：从满是涂鸦的板壁危房，到防火梯裸露在外的陈年黄的老式公寓，到暗色红砖的高层住宅，各色的标识、招牌，吵吵嚷嚷地吸引着路人的注意；不意间，还闪出来座清真寺模样的穹顶建筑，让她疑惑是否走对了地方。商店的招牌上，明明大写着"纽约"的字样，可是等到她下了车，面前并不是明信片上的时报广场和中央公园，却是团全无头绪的迷宫般的城市网格，她行李多，舍不得花钱打车，又有些害怕那些身形高大的、有意无意地磕碰下她行李的过路黑人。磕磕绊绊地走了十来分钟，还没看到地铁的影子，心想是否听错了亲戚告诉她的英语地名？额上涔涔的汗水已让她有些狼狈了。

她的未来在何处呢？

惶惑的安吉丽娜并不知道，1977 年，同样拖着一堆累赘土气的行李，一位金发碧眼的妩媚女郎从密歇根大学辍学，以一种和她差不多的方式抵达了纽约。那时候，在这美国美人当过裸体模特的纽约上城，没几个人知道这个从中西部小城来的年轻女子姓甚名谁，可是后来，路西·希贡（Louise Ciccone）小女儿的名字世人皆知，巨星麦当娜·路西·希贡回忆道："我来纽约时是我一生中第一次坐飞机，第一次叫出租车，所有的都是第一次，我来的时候身上只有 35 美元，我从来没干过这么大胆的一件事儿。"

很多人到达纽约时都面临着这样一种戏剧性的"第一次"，但在曼哈顿岛，这第一次使得他们拥有了整个世界。安吉丽娜的遭遇或许和早一批乘船到达新大陆的移民截然不同，她再不用挤统舱在海上颠簸，吃十天半个月的斋粮，由哈德逊湾经爱丽思岛到达自由女神的脚下了；但是，20 世纪后半叶从天而降的来访者，以旅行的便捷换取了另一种空间转换的经验。他们都如安吉丽娜，一下子"掉进"了如此庞大的一个物理现实之中，连那个必要的过渡或彩排都省略了。纽约如此稠密，如此高拔，不要说那个低矮、稀疏、田园的外省美国，即使和它周遭的环境相比，它们也似乎是两个完全互不牵连的世界。

纽约建筑的鲜明特点之一，便是它们都服从于一个整齐紧凑的"街面"。

这突变的空间里，却隐匿着新世纪坠入奇想的捷径：

> 我去了纽约，我有一个梦，我要成为一个超级巨星，我谁都不认识，我要
> 跳舞，我要歌唱，我要让人们开心，我非常努力地工作，我的梦成了现实。

麦当娜的梦想也应和着这样的箴言："如果你喜欢一个人，就把他
送到纽约，因为那里是天堂；如果你恨一个人，就把他送到纽约，因
为那里是地狱。"伴随着子虚乌有的北京音乐家"王起明"的命运，这
箴言也在中国脍炙人口：是的，天堂和地狱在纽约并无定数，一切都
在变化与转换之中。

对于住家和市中心只有十分钟步行距离，习惯了靠太阳定位方向
的远方人而言，纷繁杂乱的曼哈顿也许是初到者的噩梦。安吉丽娜走
错了路，她操着口音浓重的英语，向一个路人打听方向，那黑人却放
肆地大笑起来：我在上城住了几十年了，还从来没有听说过什么哥伦
比亚大学！哈哈哈。这回答让她不禁毛骨悚然。安吉丽娜知道，自己
走的或不是正道，可是从刚才看到的路边站牌，她知道，哥伦比亚大
学并不会离得太远。不知道这黑人是当真无知，还是开了一个恶意的
玩笑，看着满街深色皮肤的行人，听着他们旁若无人地笑语喧哗，若
不是他们那富有特征的英文，她还以为这是在她的中美洲老家。

这是个突如其来的转机……它来临的时刻宛如神启，安吉丽娜突
然听见了轰隆隆的、庞大机械运转的巨响，那并不是头顶上又一次恐
怖袭击的讯号，因为这声音不可思议地来自脚下大地的深处。半个小
时后，当安吉丽娜灰头土脸地从地铁中爬出来时，她就和当初迷失在
哈莱姆区时一样惊诧，她看见了她从电视屏幕上久已熟悉的、时报广
场四周的光影和喧嚣。

安吉丽娜的遭遇并不仅仅是无中生有，无独有偶，一个犹太人讲述过类似的故事，这个纽约大学的穷学生听说皇后区里戈公园（Rego Park）有幢难得的便宜房子，跑过去一看已经租给别人了。这学生并不死心，听以色列裔的房东说，接着往西去某某"道"（Drive），还有一处待租房子，可学生记错了地址，记成了某某"街"（Street），他记着房东说的号数，没走几步便"准确无误"地找到了这个门牌，既然"无须敲门"，就径直进院里去，谁知这个"犹太人之家"里，一下冲出来一个头戴伊斯兰头巾的老穆斯林，另加一条恶狗。原来两条街之外就是一堆中亚人的聚居地……

这就是纽约，它丁人的第一印象就是令人眼花缭乱的多样性，过量的多样性。

要想不致迷失在这多样性中，精确到个位的"地址"比感性松散的"处所"更为显要，在此地，传统城市里，经历生老病死的过程才形成的归属感，却不一定对所有的地方都那么可靠。

20 世纪末，多达 3 868 133 名在外国出生的各种族人居住在纽约，他们差不多来自世界所有国家，为这城市赢得了"熔炉"（Big Pot）的命名。然而，这熔炉之中的"融合"却绝非简单地搅成一锅粥，而是幕幕空间转换的活剧；在它纷繁的声色之间，纽约并无巴洛克城市式样的"标准"面孔，以及趋近这面孔所要穿过的进深——但守卫这城市的，分明却是一个看不见的秩序。上城穷人守住自己的街区，老死不相往来——那个安吉丽娜目睹的故事虽然有些离奇，却不是绝无仅有。

"整齐而纷繁"加上"杂乱而有序"，或许才是这个大都会的更适当的概括。

行政意义上的纽约市共分为五个大区（borough），曼哈顿岛，曼

Titan City 展览上展出的广告旗，自下而上，展示了纽约的整整一部历史。

"褐石屋"：东岸城市特有的建筑样式。

哈顿岛北边的布朗克斯，东边的皇后区，南边的斯塔腾岛，东南的布鲁克林。经济意义上，"纽约都市区"的概念或许还要大得多：或火车，或汽车轮渡，或水底隧道，或多项兼备，通勤于曼哈顿和外州之间的纽约客们，把"大纽约"的影响一路带到西边的新泽西和东北的康涅狄格。然而，不管睥睨一切的眼光是不是"歧视"，在大多数人心目中，"典型的"纽约是不包括大部分上述地方的，曼哈顿岛、布鲁克林构成了时髦纽约客心目中的纽约市的绝大部分，曼哈顿岛尤其是纽约的精华所聚。

哈德逊河、东河两河夹峙，这狭长小岛像一艘巨舰，船头向南略微偏西冲着大西洋。

"杂乱而有序"——与美国其他低密度、"大农村"模样的都市，或是自然聚集成的欧洲城市相比，纽约建筑的鲜明特点之一，便是它们都服从于一个整齐紧凑的"街面"，纵有自成一方天地的桀骜不驯，从外面也往往看不出端倪。地皮金贵，决定了曼哈顿的街面狭窄而进深长邃，因此，争先恐后，大多数建筑都将自己最美好的面孔展露在向街一面，无论是朝南还是西晒；为了争取最大的街面，就是防火通道也只留出狭长的一条，与力求向阳、通风的传统城市布局截然不同。

——好在，上个世纪以来的现代建筑大多都是机器通风，内有人造气候，用起来似乎也无碍大体。

这样做的直接后果之一，便是单体建筑间变得紧凑密织，一幢房屋的个性往往湮没在它的环境之中；当大多数建筑都是刀削斧劈般的整齐，偶有非直角平面的房子，便在一堆方正盒子之间格外显眼。话说回来，虽然地面上整齐划一的街区使得底层平面和出入方式大同小异，可是这并不妨碍垂直方向上的变化，乃至建筑式样上的千差万别，有杰阁凌云的闪亮摩天楼，便也有四至五层的灰扑扑公寓，乃至中国人给起了诨名"汤耗子"（town house）的联排式低层住宅，甚至，在这建成面积世界第一的岛上，也有一些为数不多的独立式低层住宅；取决于向地盘要面积的不同逻辑，房屋可上天也可入地：有一种很有东岸特色的房子，诨名叫做褐石屋（Brownstone），它的第"一"层常是半地下的所谓"土库"，在纽约居然也可合法住人。

　　许多观光客的最大爱好，便是给触目所及的建筑贴上各色各样标签。可是，在北美大陆上这个年轻的国家，"风格"似乎从来就没有一种标准的定义：粗分起来，纽约的建筑可以见到下述"风格"的痕迹：殖民地式、乔治式／邦联式、希腊复兴式、哥特复兴式、文艺复兴式、罗马复兴式、浪漫复兴式、艺术装饰风格／现代风，乃至批评家们口中咒语符箓般的现代／后现代、新古典主义／新新古典主义……这其中，大概只有"殖民地式"算得上是美国土产，而大多数"风格"多半都混杂着重新糅合的痕迹。

　　尤其是 20 世纪伊始，这种混杂变得有些失了法度，须知美国建筑师没有旧大陆的建筑师那种历史包袱，美国建筑的职业教育兴起于 19 世纪末的巴黎美术学院时代，那阵子也正是纽约的自信崛起之时，

风格

用清晰的定义来描述一种动态的风格现象绝非易事。例如，对于先后作为荷兰和英国殖民地的纽约，什么才是标准的"殖民地样式"？事实上，即使那些有着明确的属地和历史来源的样式，纽约也绝不只是一味沿袭：纽约的乔治式／邦联式，是对那时流行于伦敦的乔治王风格的修正，对这座新大陆的城市而言，乔治／邦联式是第一个借鉴同时代欧洲的本土建筑样式；此后的纽约的建筑风格发展史成为一部真正美国的历史。18 世纪 20 年代，希腊由土耳其统治赢得自治，对于希腊革命报以同情的纽约人，于是在华尔街建起了希腊复兴式的银行和交易所。同时，"风格"不再标定特别的建筑使用，例如人们熟悉的文艺复兴样式，在欧洲它们意味着意大利宫殿、法国庄园、英国乡村俱乐部，在纽约它们却变成了银行、城市住宅、政府机构，甚至商业机构、大火车站。风格的修正与创造同时也蕴育着改革的精神，这便是各种"复兴"样式的实际后果。

下城

"下城"（downtown）这个词，反映了大体南北走向的曼哈顿岛基本的地理格局，对于欧洲城市中同样的都会繁华去处，人们却习惯称为"市中心"。

对深受"布杂"（Beaux-arts）熏染的麦克金、米德和怀特（McKim, Mead & White）一代建筑师而言，风格图谱中的各种式样往往只意味着单纯的视觉援引，而和风格的实际含义无关。比如旧的纽约刑事犯罪法庭（Criminal Courts Building）立面，看上去便像是肃穆的法老陵墓的入口，真正熟悉埃及风格的人看了没准会觉得别扭，可建筑师的脑筋远没那么复杂——或许，帝国崛起时期的美国人，对于埃及风格有一种异样的感情，不过因为是埃及人的古老，使得这年轻的国家机器看上去比它的实际年纪要显得历史久远。

在纽约，多样的城市肌理和简单明了的空间导向相映成趣：以早期殖民者到达拓展的相同秩序，下城——"下城"这个词实际上就是在纽约发明的——向北，是中城，上城再往上，是哈莱姆、曼哈顿维尔，然后再分东西，下城东，中城西……心理上，对某个行业、人种的专属地段，人们又有名目繁多的不同叫法，比如，中城西区又叫做剧院区，剧院区以南称为"雀儿喜"（Chelsea），34街和57街划定了曼哈顿西部名唤"地狱厨房"的所在，下城东区的一部分习惯又称作中国城和小意大利等等。可是对于大多数懒得动脑筋的初到者，这狭窄小岛的空间秩序何妨一目了然。

——不过是上下、东西而已。

走完一个东西向的街区大概需要三到五分钟，而南北向的只需要一分来钟，在上城、中城的大部分地区，只有西北-东南斜向的百老汇大街等少数几处街道不入此例，再加上中央公园、麦迪逊广场几处绿地和"开放空间"的分割，构成规整秩序间的些末例外。只需要记住这些简易规则，一个新来乍到的外国留学生，差不多就可以在112街哥伦比亚大学和4街纽约大学之间通行无碍。

——或许，只有这种简单明了的秩序，才能将纷繁杂乱的"大苹果"清楚分割……因为，即使你记不住32街的"韩国一条街"是在第

中城：逼仄的，像深谷般的纽约街道格局，那些缺乏真实深度的表面"融合"了北美大陆上人们无远弗界的眼光。

五大道以西、百老汇以东，即使，你甚至记不住目的地附近特征建筑物的模样，不知道什么叫做帝国大厦或"梅西"（Macy），但你至少还能记住上下、左右，由42街的时报广场径直而下，避开那条让你迷惑的斜路百老汇（Broadway），向南走十个街区，向左向东走一个街区，十分钟便看见了你的目的地。

你有两种不同的方式解读这个城市：它的地图是无比清晰的，甚至是过分简单的，但这并不妨碍它的变化无端。这城之中既有林荫大道，也不乏有荫无林的小街，既有整整齐齐的格栅，也有立体交叉的道路系统和三岔、五岔的路口，既有宽阔的街边广场，也有高楼之间挤出的小巷僻地。冷不丁地置身于这些"例外"之中，你会发现，它们与纽约的通常形象是不尽吻合的，但是你绝不能否认，这些"例外"也是纽约所不可或缺的一部分——当你正雀跃地发现，你找到了一个纽约的"标准形象"，翻翻记忆的箱底，你会发现那些不太为人注目的"非纽约"，其实就躲在你天天经过的这城市的某个角落。正如《愤怒的葡萄》的作者约翰·斯坦贝克所说的，在纽约一切都是聚世界之大成，它们彼此龃龉又并行无碍：人口，戏剧，艺术，写作，出版，进口，商业，谋杀，奢侈，穷困……

这便是"整齐而纷繁"。

"杂乱而有序"加上"整齐而纷繁"，如此便形成了一种有趣的悖论。原本，一个外来文化元素放在一个异质的环境中，就好似雪地上的煤球那般显眼。可是，当这系统的多样性扩充到一定程度，越是多元，个别文化的独异性反而越缩水得厉害——和那漫肆的"全体"相比，"个性"渐渐无关紧要了。

第一次在异国他乡见到本国侨民、听到街头巷尾的母语交谈，甚至零星的本国文字标识时，一个远方来客或许会备感亲切。然而，等

一代人

下列的图表中列出了 20 世纪美国不同历史时期的昵称。在这些特定的称呼之中，不论是"纽约客"还是"美国精神"的概念，都在发生着这样那样的变化。

名称	时段
战间的一代（Interbellum Generation）	1900—1910 年
登峰造极的一代（Greatest Generation）	1911—1924 年
爵士时代（Jazz Age）	1918—1929 年
沉默的世代（Silent Generation）	1925—1942 年
垮掉的一代（Beat Generation）	1950—1960 年代
婴儿潮一代（Baby Boomers）	1940—1960 年代
琼斯一代（Generation Jones）	1954—1965 年
意识革命的一代（Consciousness Revolution）	1964—1984 年
X 世代（Generation X）	1960—1980 年代
第十三代（13th Generation）	1961—1981 年
MTV 世代（MTV Generation）	1974—1985 年
Y 世代（Generation Y）	1970—1990 年代
互联网一代（Internet Generation）	1994—2001 年
新沉默世代（New Silent Generation）	1990 年代或 2000 年代一？

到他真正属于或熟悉那些移植的社区后，他又会觉得，那些经过千回百转的"意大利"、"俄国"、"中国"，其实什么都凑不上，纽约的中国城会让真正的中国来客摇头，道地的意大利人或许对"小意大利"不屑一顾，无论"星洲米粉"还是"加利福尼亚饭团"，在它们名义上的原产地都是买不到的……

类似地，那四面八方涌入的视觉越是冲击得厉害，就越难以形成一个鲜明的、非我莫属的形象。

一种境遇是，在逼仄的、像深谷般的纽约街道格局里，北美大陆上人们无远弗界的眼光，被那些缺乏真实深度的表面"融合"了——是的，这些眼光并没有被阻碍和分割，只是在这城中，你永远找不到什么井然的视觉次序，一切都是近观，一切都是局部，它们彼此竞争却又彼此呼应，总是融合成没有清晰边界的、茫茫绰绰的一大块。

在另一种境遇里，乘坐各种交通工具，在纵横交错的速度里你所经历的，是光怪陆离、互不相属的影像，从地铁的黑洞子里上上下下，或是在一个个互不连属的鸽子笼里观望这城市，人们的视觉破碎成了意义不甚连贯的蒙太奇，便一如安吉丽娜所经历的那般。

在大城之中的纽约客已经久困于纷繁的"形象"，体力再好的长跑者，也已经被周而复始的加速和冲刺折腾得有心无力。在中城或下城的街道上，你很容易分辨旅游者和纽约客的区别：低着头行色匆匆的，大半是这城市缫丝生涯里的倦客，而好奇地仰头，追究那大厦尖顶秘密的，一准是过路的游人。

戴维·泽克曼（David Zickerman）叹惋道，"哪个见鬼的家伙会往上看？谁会有时间？"

这样的一个"熔炉"展现出了它的威力。是的，大都会里点石成金的法术，可以让外省的邻家女孩麦当娜变成世界之巅的偶像，但是它也可以让你彻底地丢失自我。它向最张狂不羁的建筑师发出强有力的挑战，使他们望而生畏。

亚里士多德告诉我们，世界上的变化无非是四种形式：形状、性质、数量、地点，对于纽约这样一座城市而言，它的变化却要远远超出亚里士多德的概括。

纽约不是一座建筑或一群建筑，它既是一座形象鲜明的城市，也是无数座富于个性的建筑的全体；"纽约客"也不是一个人或一群人，它既是一个冷漠地从你身边匆匆而过的人，也是一群强有力的、改变了世界很多地方面貌的人。这座城市使人们意识到"集体"的压倒性的威力和"个性"的苍白与无力，这"集体"不是理想国里的大同公社，而是资本主义社会的万花筒；这"个性"也不是古典时代大写的艺术家，而是天真的、在"创造力"神话的汪洋中溺水的灵魂。这灵魂被挤压着，在差异性的幻觉里，不断地被周围的环境濡染、影响着；这巨大混杂的一团没有一个实在的核，它无边无际地在空间中铺开，同时也使得身处其中的人们丢失了他们时间的印记。

轰然一声巨响，那扎进世贸大厦的联合航空公司 175 航班，以一种使人惊怖无语的方式，再次鸣响了新千年的钟声，它迫使那些从不抬头观望的人们仰视，仰视零地上空慢慢消散的白色烟雾，在想象中追随劫机者阿塔的视线，他们也在审视地面上自己的去向和来处，像蚂蚁一般他们在纽约的迷宫之中蠕动、爬行。

他们重又意识到了自己在时间中的位置和意义。

新纽约，旧纽约

纽约是属于 20 世纪的，纽约还会属于 21 世纪吗？

对于不停地涌入这个城市的外来客而言，纽约永远是"现在时"

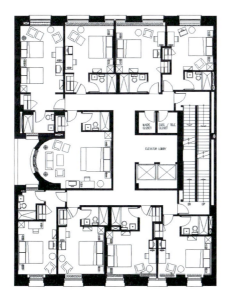

1903年建成的化学家俱乐部（Chemist's Club of New York）改建成的这家迪兰旅馆（Dylan Hotel），有一面的房间都没有浴缸（囿于原有建筑的用途和格局），但是它的好处便是，这座16层的"波扎"建筑的室内比大多数曼哈顿的旅馆都要高，号称"炼金术"的特色房间是原来俱乐部的图书馆。

（处于"将来时"的城市今天或许要到亚洲去寻觅）。它立在时间之箭的锋镞上，飞矢不动，因此，这城市看上去竟像是静止的一般，镀金城市像是一只永不生锈的闪亮的孔雀。

纽约何曾"旧"过？说来也怪，在我们执拗的想象之中，纽约好像有着一个爵士时代（Jazz Age）臻于最盛的大都会歌舞剧的（黑白两色的）过去，可是，在当时人的眼中，那个时代的纽约其实是时髦的，永远"进步"的，毫无乡愁的，"从不打烊的"，今天看起来，那个过去时态的"现在"未免是可疑而自相矛盾的，这个人工制造出来的、时髦又苍老的回忆为它恒久的"现在时"增添了很多佐料。

曾几何时，这个新大陆上的海港不得不从旧世界搜罗历史的贴面。与奥斯曼的巴黎一样，20世纪初期的纽约也从埃及和近东搬运了那些旧王朝遗物，以装点新帝国的风光：公元前15世纪十八王朝法老图特摩斯三世的纪念物，现在站在中央公园里面的黑色方尖碑，还有大都会博物馆里的埃及和苏美尔藏品……但是，与欧洲那些中了催眠术的城市不同，在向埃及和近东派遣远征队的那一刻，虽然匮乏真正意义上的经典，纽约也绝无对于历史延续性的眷恋。当古老欧洲着了魔咒般地摧枯拉朽之时，这座城市却在"新古典主义"的大旗下，由麦克金、米德和怀特诸辈用钢筋水泥放大出尺度骇人的罗马柱式，如果欧洲的式微终归于对传统的盲目捐弃，美国新古典的成功却是无心插柳。

令人眼花缭乱的"过去"终于成为过去，尘埃落定，在1935年这座城市的"未来时"也昙花一现。

在1930年代经济大萧条的顶峰时分，在拉瓜迪亚市长，也就是安吉丽娜所抵达机场的命名者的建议下，纽约的商人们决定做点什么挽救气息奄奄的城市，他们所想到的就是举办一个"向前看"的世界博览会。这个博览会的一切都富于象征意义，它的办公室设在世界最高建筑帝国

我爱纽约

如同罗伯特·斯特恩所说的那样，在今天描绘纽约的文化著作之中，带有一种自我欣赏甚至自恋的趋向。关于这个城市的几乎所有的方方面面，都成了作家和批评家们的题材。1977 年，纽约州经济发展部雇用威尔斯、里奇、格林尼（Wells、Rich、Groone）展开了著名的公共关系计划"我爱纽约"。志愿为这项目工作的图形设计师密尔顿·格莱瑟（Milton Glaser），以为自己不过顺便帮个小忙，谁知道，他设计的"我爱纽约"图标居然一炮而红，成了持久不衰的关于这城市流行文化的象征。今天，这个项目的官方网站骄傲地宣称："在纽约沉浸五分钟，你就会看到为何它和世界任何别的地方都不同。只有在纽约，你才能同时找到所有美国最好的品质——多样性、文化和时髦——它们如此迷人地交织。只有在这里你才能体验那些超拔（sublime）的瞬间，纽约为此自豪。"

在第六大道临近中央公园处，诺曼·福斯特为赫斯特公司总部大楼所做的新颖设计，世贸大厦方案的还魂记。

大厦的顶层，但它的会址则设在当时纽约最外缘的法拉盛（Flusing）。

1939 年的纽约世界博览会以一系列未来主义的展览而著名，当展览筹备处的一群人气喘吁吁地爬上帝国大厦的顶端，那号称可以停泊飞艇的塔尖的阴影，在黄昏时分正指向这个博览会的方向。但是，站在空房率居高不下、同时号称空房大厦（Empty State Building）的摩天楼顶端，他们极目远眺法拉盛的会址，虽然有高倍数望远镜的协助，缥缈的远方却什么也看不见——那个时代更表现出了一种对于在不确定之中流失的"现在"的恐慌。

一个留给数百年后纽约客开拆的"时间胶囊"（time capsule）里包罗万象，包括阿尔伯特·爱因斯坦和托马斯·曼在内的名人写给人类后代的神秘书信、《生活》杂志、洋娃娃（kewpie doll）、硬币和纸币、骆驼香烟、缩微胶卷。"时间胶囊"之中，更有那些期冀在"将来"生根结果的种子：谷物、玉米、燕麦、土豆……今天的人们带着感慨说，它们可能是这个星球上唯一没有受过核辐射影响的种子了。

而这以后呢？以后，我们看到的是"熔炉"翻腾：60 年代，70 年代，在冷战行将结束之前的令人迷惑的混乱之中，世界发生了翻天覆地的变化，或左或右，时而狂飙突进，时而歇斯底里，迎来的却是一个点石成金的时代。那个被安迪·沃霍尔、利希滕斯坦诸"波普艺术家"折腾了二三十年的纽约，已经实实在在变成了一种可以售卖的大众符号，那个时间胶囊里的"现在"现在成了经典。

耐人寻味的是，这"经典"符号的卖点，却依然是它的"时髦"，它的高贵不是兜售给公子王孙，而是安吉丽娜这样的普通人，它的魔力既得力于麦当娜这样的超级巨星，也感染了推波助澜者自己。

在通俗杂志上，你经常会看到有种煞有介事的单子，详细列出了一个小女孩"20 岁前必为之事"——这其中定然包括"去纽约作一次单身旅行"（这以前的选项是否是巴黎呢？）。20 世纪七八十年代开始神气活现大批出国的日本人、韩国人，为这个城市带来了大批的东方面孔，也证明了纽约的胜利绝不是西方人的自我陶醉，而是一种全球性的文化大势。

那一刻，正是后现代主义者所说的"历史的终结"，这终结的一刻在曼哈顿得到了最恰当的表述，那就是时间胶囊里凝结的"现在时"——新和旧的分野从不曾像今天这样使人迷惑。如今，完全没有一种办法告诉你，哪些是"旧"的纽约，哪些是"新"纽约（New New York！）：曼哈顿岛最尖端的下城，原本应该是这座城市历史最悠久的部分，荷兰殖民者的城寨和工事，依然可以在今天的道路分布里找到痕迹，可是它同时也分明是这座城市最为锃光瓦亮的部分；簇新的可能古老，像利华大厦（Lever House）那样战后初期的国际式样摩天楼，至今仍不过时；而破蔽的何妨新潮，类如"褐石"（Brownstone）住宅那样的旧构，可能已是时髦昂贵的金领公寓，除了外表之外的一切都已彻底翻新。

让我们穿过人流，漫无心绪地在这迷宫城市之中体会一下混融的时间吧。

当世贸大厦轰然倒下之后，这城市似乎要老了半个世纪，在东河的岸边遥望纽约的天际线，那些最引人注目地标多半依然是爵士时代的遗馈。"9·11"后"零地"上暂时还一片空寂的那五六年里，人们惊愕地发现，七十年之后，纽约最高建筑的前三名依然是帝国大厦、克莱斯勒大厦和美洲国际大厦（American International Building）[3]——它们毫无例外地都建成于1930年代初期；在这城市中另一个重要的开敞空间，麦迪逊大道中央公园段落，集中了纽约主要的"布杂"风格建筑，在混凝土和钢骨支持的精致立面上，那些靠现代工程技术实现却高度依赖设计师对手工艺过程理解的华贵而虚伪的石工，依然是这城

[3]
计划于 2007 年建成的纽约时报大厦和克莱斯勒大厦等高（本书完稿时已经建成）。

市予它的访客的主要印象。

在纽约，时间的标准色似乎也是从 1930 年代开始晕染开去的，灰色的暗褐色的经过时间淘洗的混凝土、砂岩、花岗岩……墙面，总体上是一种保守的棕黑、灰黄色，它们为黑褐的、横的竖的线脚和缝隙所分割，偶尔一见的、枯絮般地贴在建筑表面的，是严酷气候下大多时候呈衰败状的攀缘植物……暗色间那些偶尔闪亮的，是新近的玻璃与钢铁的营建，可这些材质本身"如同无物"，它们或透明或反射的表面，在华丽得有些拘谨的新古典主义建筑的汪洋大海中，并不能显著地改变这城市的主色调。

"进步"与你同在……可远远地看去，"进步"似乎从来不曾发生过。

走近，乃至走进这座城市，平板的天际线却变身为空间的自我展现，纽约在更丰富的维度上扑向人们的感官。逼促的，为马车准备的 19 世纪的田园都市的街道格局，现在两边是森严壁垒的摩天楼的悬崖，那便是我们曾经说过的"混融"，让人抬不起头来的空间的深渊，时间在此像灌了铅的雪片一样，无声地，却是沉重地坠落……

总的印象……是黑洞洞、不动声色的旧，可是你偶一仰视，便发现不着痕迹的千万变化，且不说那些极新极怪的营建，即使那些传统的盒子式的大楼，装了无数反射玻璃莫测高深的窗户，总还有隐隐约约的灯光从其中泄漏，千万个人在小方格中活动的气息，使你立时感到这个喧嚣都市里时间的流逝。

新与旧有几种互相掺杂的方式。

在那些还残留了 19 世纪街道尺度的狭窄大街，偶然也一见宛如外星人般不合本地"文脉"的建筑，它们大多是上个世纪末以来这城市更换衣装的结果。

——这种改变的结果有时来得剧烈，比如在上城的美洲大街（第六大道），诺曼·福斯特为赫斯特（Hearst）公司总部大楼所做的新颖结构设计，仿佛一个世贸大厦竞赛的小型翻版，这回却和"婆娑的树影"和"不可见之物"截然无关。如果说这回福斯特的设计还有切题之处，那么就是它们的确象征了新千年带给这座城市历史记忆的"空洞"和"丧失"。

类似这样一头扎进历史的创新，还有位于雀儿喜的"眼光"研究所（Eyebeam Institute）拟议中的新办公楼，这种巧妙的折叠式"表皮建筑"既在结构设计上突破了传统建筑的"里外"概念，也挑战着纽约整齐划一的街面——它繁复折叠的一侧给了研究所的办公所需，另一侧则是三明治一样夹在中间的公众区域。不用说，我们更会提到2007年在时报广场建成的白色、细致的纽约时报大厦，由伦佐·皮亚诺和福克斯（Fox and Fowle）事务所联合设计，同样集成了新一代建筑的最新结构观念和科技手段，这中城的新地标所唤起的，不仅是人们对高技风格的关注，还有它在西区敏感的地段激发起的社区事务，一时间使得全城聚讼纷纭。

另一些古老街区换装的方式来得更加直截了当，也较少耗费与争议——"立面主义"对"街面"的简单服从，使得建筑外部的观瞻可以脱离内部的结构和功能，紧凑密织的单体建筑常只有一面需要严格考虑和城市文脉的"和谐"，其他几边甚至可以暂付阙如，里面的装修有时就干脆另起炉灶了。近来，"换脸"而不伤筋动骨的有名例子比如

SoHo

据说，SoHo 这个名字最初起源于伦敦威斯敏斯特西端（West End）的一片区域。在发展为一片时尚区域之前，纽约的 SoHo 亦称为铸铁框架建筑区（Cast Iron District），字面上，它是"休斯顿街以南"（South of Houston）的简称，和伦敦的 SoHo 没有任何关系，巧合的是，无论是纽约还是伦敦的 SoHo 都和同样破败的中国城邻近。

花旗银行大厦的斜坡屋顶在纽约中城的天际线上格外引人注目。

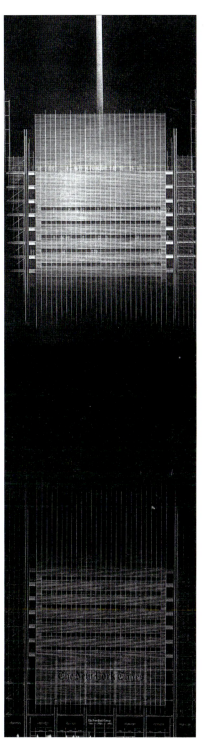

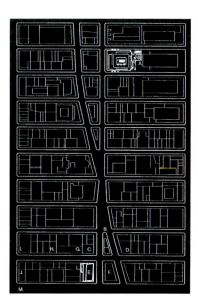

纽约时报大厦是纽约中城西区的新地标。

东 76 街和第一大道处的安帕拉大楼（Impala），这幢建筑的开发商并不打算彻底改动旧有结构，只想让立面换副面孔，于是，曾被批评家讥讽说不通建筑，却是一位"平面设计大师"的迈克尔·格雷夫斯担起了这个任务，倒也相得益彰；相形之下，格林威治街和斯普林街交界处，由另一位摆布立面的名匠让·努维尔设计的建筑变脸，新旧的关系则要有意思得多，老房子名义上也无所改变，只是"内衣外穿"，原本该老老实实待在里面的钢铁结构翻到了外表，玻璃倒影和窗边丝网印的叠映里，你似乎可以看见一个被幻觉包裹着的"旧"。

这一切，无疑是受到那个以落伍为新潮的 SoHo 的影响——休斯顿街（Houston Street）以南，拉菲耶特街（Lafayette Street）以西，运河街（Canal Street）以北，凡瑞克街（Varick Street）以东，这块新的波希米亚区域的兴起，和后现代主义者所谓的"历史终结"亦步亦趋。今天，不仅仅是 SoHo，连西"雀儿喜"原本肮脏、破败的工业区域也已成为新一轮的"旧"时髦，著名的"熨斗大楼"和下百老汇附近地区的居民们忙着搬迁，以便为新的商业让路，原来充斥着色情和犯罪的时报广场成了体面的旅游胜地，下城 24 小时 7 天的"不夜城"已初见眉目……里根时代以降的年月，虽再没给纽约留下什么帝国大厦、世贸中心那样瞩目的建筑，但是这个臻于圆熟的纽约，渐渐调和了金融帝国的伪古典做派、冷飕飕的高技派、时髦于欧洲的图形设计手法，以及种种无伤大雅的通俗。

这城市的个性从来没有如此热闹过。

从来不存在一个"标准"的纽约时间，我们今天所看到的纽约，已经经历了好几轮新旧陈杂的时光淘洗。曾几何时，"历史保护"这个词在纽约的字典里并不存在。没有人把层出不穷的"新"当回事的时候，为什么人们总要惦着保护一所旧房子？

是简单地纪念，还是凯歌而前行？世贸大厦的重建之争，又一次让人们意识到这城市并不是永远的一往无前，更多的，它不过暴露了新旧交替里一种别样的困惑。"历史保护"绝不仅仅事关怀古意绪。毫无疑问，那部作为"他的故事"（his story）的历史不仅仅在讲述一个意图鲜明的叙事，还蕴涵着这故事被讲述的特定方式——谁的"历史"？又为何要保护？

在这本书的大多数读者们没有出生之前，这座城市已经足够引人注目，但是它在人类文化史上独特形象的造就与稳定，却要在一轮政治的拉锯战中等到三十年前。

早期纽约的权力架构妨碍了大众与富人分享这座城市。虽然号称民主国家里最民主的城市，纽约信奉的却是实用主义的强人政治——领有先机的，首先是看好这城市有巨利可图的垄断资本，其次是 20 世纪中期专权的政客，最终才是暧昧而难缠的"普通人"在近年的崛起。世贸中心的大东家，1921 年成立的纽约港务局，在 1930 年代担当了大量的公共工程，对它的缔造者罗伯特·摩西等人而言，公共权力部门在城市发展中的主导作用无可非议，他们不喜欢这城市的发展牵掣于重床叠架的政治干预，不喜欢精英阶级的决策过程被喋喋不休的民主程序所叨扰。

这叨扰自然也包括那些被目为"下等人"的卑微情感。

在那个摩天楼拔地而起的年代，"古典"象征着权力和时髦，而一字之差的"古旧"则是落后的代名词——向来只有三种不同的新旧更替：第一种是疾风暴雨式样的"新"完全淹没"旧"，第二种是"新"以"旧"的名义出现，第三种则是号称修旧如旧的"时间胶囊"。

在西方文明的发展中，第一和第三种情形或都比较罕见，既然这个文明秉持一种连续的、"进步"的社会信念，它务必会维系起码的

大城市的生与死

简·雅各布斯（1916—2006）因《美国大城市的生与死》而知名，在这之前，她只不过是格林威治村的一个业余建筑作者，加拿大批评家罗伯特·富尔福德（Robert Fulford）这样评论雅各布斯："她坚定地站在个人化的富有创见的自发性一边，反对政府和公司强加于人们头上的抽象的规划。""她是一个罕见的知识分子的斗士，一个反对理论的理论家，一个没有大学学位和教职的教师，一个文采甚佳但甚少动笔的作者。"

在《美国大城市的生与死》一书中，雅各布斯首先强调了各种各样经济性，乃至"功能性"方面的理由，她声称，经过历史选择，旧的城市街区已经具备了既混合又合理配置的首要使用（mixed primary uses）：城市中不同年代的建筑，可以满足不同的经济使用，不同职业和服务互补的居民们，可以将他们的出行时间和对公共设施的依赖，分散到一天内的各时间段，提高城市运作的效率。按照她的意见，这种甚至是当代经济运作之中最合理的选择，只有在一种熟悉的旧的物理环境之中，商业上的新创意才能安全而有效率地实践，衰败的、缺乏人气的街区，不利于新企业的成长和培育蓬勃健康的消费。

然而，对于雅各布斯而言，"新"和"旧"并不仅仅意味着现代和传统的美学对立，事实上它是一个政治问题，在麦卡锡主义的年代，雅各布斯写道："我相信，事实上对于我们传统安全的威胁恰恰来自于我们自己，它就是我们对于极端思想和提供这种思想的人们的恐惧。我对左或右的极端主义者都不感冒，但是他们应该有言论和出版的权利，这不仅仅是因为他们自身有这样的权利，更是因为，如果他们丧失了这样的权利，我们其他人也不会安全。"

雅各布斯的核心思想，依然在于这种她深信不疑的"自发的多样性"。"新"和"旧"的对比因此成为单调集权与丰富民主的对决。在她看来，不喜欢旧建筑，依赖强有力的地产商的大规模开发的迈阿密，永远也产生不出新英格兰那样的"多样性"，在那里有着传统社会的细小结构和错综复杂的政治运作。小体量的旧建筑，拼合成了紧凑的街区，不仅仅有利于街区间往来的行人，实际上也增加了公共区域的数量和面积，增加人们接触和交流的节点，"街角杂货店"（corner grocery store）就是这种节点的代表。这种基于密集人口的城市，之所以需要建筑尺度和使用上的"多样性"，不仅仅是为了一种因人而异的"舒适性"，更是因为这样可以有效地防止经济垄断和政治，防止少数人可以轻易地支配大多数人的生活。

凭着直觉，雅各布斯反对纽约市政府在城市边际推行的高速道路计划，因为那样将把成千上万的人和他们先前生活的水滨撕裂开来，造就适宜观赏却不能进入的空寂景观。作为反下曼哈顿快速路运动的领导人之一，她——一个弱女子和强人罗伯特·摩西在 1960 年代的对峙，成为纽约战后历史上戏剧性的一幕，她自己也在 1968 年的示威游行之中被逮捕。在那以后，雅各布斯移居到多伦多并在后来放弃了美国国籍，据说其中一部分原因是她不愿意她的两个应征年龄的儿子去越南战场送死。

宾州火车站的候车大厅，等待当代的罗马人涌进的一刻。

我们所毁弃的

建筑的"生与死"在此有另种更实在的含义。对于山崎实那样的建筑师，一生孜孜以求的目标莫过于有更多的作品付诸实现，可再讽刺不过的是，如今他的名声不是来自多项引以为豪的设计，而是缘于心爱建筑生命终结的一刻——世贸大厦并不是第一幢被摧毁的山崎实设计作品，查尔斯 · 詹克斯所说的后现代主义的诞生时刻，1972 年 3 月 16 日，正来自于山崎实的另一件作品，位于圣路易斯市的普鲁特—伊戈（Pruitt-Igoe）住宅群落的烟消云散之中。这幢惨遭拆除的建筑的为人诟病之处，倒不一定在于建筑师的设计，而是在于它的使用之中带来的一系列社会问题，当然，当代建筑学或许会认为，这两者本有不可分割的关系。

新旧间的联络；但更重要的是，它对过去文明的遗迹也无太多的乡愁：虽然西方人对于"古意"（antiquity）的兴趣由来已久，但却少有人轻言以发展的停滞，来换取"古意"的完整。工业化对于历史遗存的破坏由来已久，但无论是在英国〔古纪念物法案（Ancient Monuments Act），1912〕还是在美国〔国家历史保护基金（National Trust for Historic Preservation），1949〕，历史保护的国家方案和体制努力都不过是20世纪才有的事儿——"历史保护"的力量迸发，只可能在新的适合它的政治气候里。

于是，本是"高等"文化一部分的城市，与普通人的记忆、情感——还有价值——最终牵系在了一起。

这像是一个悖论：在美国，对于逝去的人造世界的关注，却是从它最新潮的大都会开始的。1964年，纽约市打算拆除旧的宾夕法尼亚火车站（Penn Station），引发了这个城市，乃至整个美国历史上最为有名的关于历史保护的争议。抗议的人群中，并不都是1930年代那些生计窘迫，冒着进大牢的危险只为讨块面包的"下等人"：那些怒吼的面孔之中包括《美国大城市的生与死》的作者简·雅各布斯，她并没有学过一天建筑或是规划，如今却在城市设计师那里大名如雷贯耳。由此，一座建筑的"生与死"不仅仅是城市物理发展的风向标，它也标志着享有这个城市的群体终趋含混的文化期求。

旧的宾夕法尼亚火车站本身已混融着"新"和"旧"的变奏。作为麦克金、米德和怀特又一"布杂"风格的杰作，它在这个城市的上升期应运而生，内里却是各种旧符号和新功能的拼贴。和那个时期大多数"向后看"的公共建筑相仿，车站庄重、凝滞的外表迷惑了人们对它实际功用的揣测，粉色的花岗岩贴面和多立克柱廊蕴涵的纪念性，使第一次莅临的乘客或许不明就里——以柏林的勃兰登堡门为样本的

学问公司大厦。

阿尔多·罗西

玻璃水晶宫映衬着前景里的新派锡耶纳钟楼。

一座城市就是一座建筑

20 世纪七八十年代，就在现代主义的理论和实践都已气息奄奄之时，异军突起的阿尔多·罗西（1931—1997）给了斑驳杂色的西方建筑界一个惊奇，身兼理论家、艺术家和建筑师三种不同角色的罗西大概是这个领域内最后一批不囿于职业身份的"文艺复兴人"之一，正如 1990 年普利兹克奖的评委对他的评价："一个凑巧成了建筑师的诗人。"

罗西理论的突破口是"大"城市和"小"建筑的关系，罗西批评说，他同时代的建筑实践已经淡忘了城市的意义，在他看来，发展中的城市记录着时间的痕迹，与静止孤立的单个建筑不同，它承载着绵延恒长的"集体记忆"，因此，城市作为一种特殊的建筑作品有着典范性的意义。在文脉主义者的眼中，这种大和小的关系或许显而易见，但是罗西不同的地方，在于他由内而外求取的策略，凸现了"主体"的意义和"范式"的作用（type）。在《城市的建筑》（*The Architecture of the City*，1966）这部名作之中，罗西争辩说，纪念碑并没有一个现代主义者可以清晰辨认的"外部"功能，它的力量都包含在它单纯而开放的"形式"之中：一方面，这种以不变应万变的"形式"，充满了和不同时期城市生活结合的可能；另一方面，在这种时间的流程中，"范式"又不仅仅是一种单纯自洽的"类型"或"形式"，"范式"也不是依照"程序"自动生成的；相反，"范式"的起点必须是具备主体意识的建筑师和艺术家，以此为前提，"类型"或"形式"才可以成为持久恒远的"范式"，不同时期的城市生活才可以向"范式"转适，而不是"形式"消极地适应嘈杂纷乱的现实。

人们时常将新理性主义（Neo-Rationalism）归于罗西的名下，并将罗西与另一位反对机械功能主义的理论家罗伯特·文丘里相提并论。某种意义上，这两人都是在以看似中庸实则丰富的"平常建筑"来修正精英现代主义的"非常枯燥"。不过，和借重大众消费主义的文丘里相比，罗西似乎显得更有一些英雄主义的色彩。

入口通道，通向的不是旧帝国的驰道，而是连接宾夕法尼亚和长岛的两条铁路；和圣彼得大教堂的内穹顶差不多高的拱形钢铁骨架，支持着轩敞的主候车大厅，号称当时纽约最高的室内空间，这候车大厅的灵感却是来自古罗马的卡拉卡拉大浴场。

比这座建筑的风格更使人迷惑的，是它的英年早逝。

在 1964 年被提议拆毁时，这所建筑并不算"老"——不过六十年不到的使用时间——它和更久远的纽约历史毫无关涉；更有甚者，它的诞生本来也和历史的积淀无关，而多少是因为这城市新的结构性变化：大约在 19 世纪末叶，从新泽西来的宾夕法尼亚铁路的运营商，想要在曼哈顿修建一条把岛东西的原有铁路连接起来的干线，首先是这条铁路于 1901 年宣告开始建造，四年之后的 1905 年，宾夕法尼亚火车站才正式动工，它古典主义的规模和气派，无疑是欲和东边另主经营的大中心火车站（Grand Central Terminal）相抗衡。

在 1960 年代的纽约客心目中，年岁并不久长的宾夕法尼亚火车站有着穿越悠久时光的魅力，刘易斯·芒福德（Lewis Mumford）曾经天真地以为这座建筑是"不可撼动"的。和巴黎大火车站相仿，这座城市中心的建筑不仅有着古典意义的纪念性，它还连接起一种史诗般的新经验，象征着得到解放的普通人，借助技术的革命性力量而抵达一个新时代。在他生命的余年，芒福德完全不能想象这种凯歌行进式的莅临，会被另一种黯淡无光的到达所代替。那或许就是建筑史家文森特·斯库里（Vincent Scully）所形容的，新旧两个宾夕法尼亚火车站给访客的感受："那一座（老车站）使人们如上帝般君临城市，而另一座（新车站）却使他们鼠行而至。"

虽然审美的经验亦至关紧要，雅各布斯书中急如星火的城市的"生与死"，此处却显然另有着自己的语境，在宾夕法尼亚火车站的例子里，它集中地表现为城市市民和暴君式的垄断资本的对抗，以及他们对于自上而下的"规划"的反感。拆毁这车站的处心积虑，本是为地产项目麦迪逊广场花园（Madison Square Garden）让道，由此，对历史旧迹和城市既有基础设施的保护，无异于捍卫普通人的情感。

可是纽约的问题却没那么简单——如果说旧有的城市设计机制无视使用者的感受，1960 年代以来那种对于"自发"力量的迷信，却容易导致一种有机式样的乌托邦设想〔比如有机建筑的另一鼓吹者雨果·黑林（Hugo Häring），认为城市可以自己"修复"自己〕。在真实的世界中，这种一厢情愿的"自我"修复，往往伴随着一种无政府主义的混乱，最后干脆无所作为。

纽约近三十年来的发展证明，这左右为难的忧患并非毫无道理。

由于世贸大厦的倒下，我们已经叹惋了建筑师乃至"普通人"在城市生死之际的无力，可是"普通人"的概念无疑也非常含混：在帝国时代，"普通人"意味着仆役，甚至奴隶，而绝不是"公民"，这可怜人儿既不曾享受任何权利，他所被迫担当的，也从不是真正意义上的义务；在新的民主的纪元里，"普通人"有了前所未有的名义上的自由，可是这自由本身并不能发展出一种富于建设性的努力，它也无力支持维系"自由"的高昂代价。

1963 年，也就是拆毁宾夕法尼亚火车站的前夜，《纽约时报》就曾经发表过题为"别了，宾夕法尼亚火车站"的著名社论：

> 遂其所愿的文明总是愿意付出代价，最终也无愧于所得。纵使我们依然拥有宾夕法尼亚火车站，我们却无力保持其整洁。（当下）这个浮夸的文化使得我们需要，也活该有罐头盒式样的建筑，将评说我们的，不是那些我们所建造的纪念碑，而是那些我们所毁弃的。

由此，新和旧之间不再仅仅是"和谐"，是"记忆"或"丧失"。

在新旧混融的歌声与魅影之后，实际有着两种不同的理解城市的经验模式互相厮杀，一种，是经建造的城市（built city），它如生命体一般成长，在史诗般的历程之中自然老去，微风拂过，旧皮之间或又拔出一二新芽；另一种，是规划出的城市（planned city），它在经济需要里播下种子，在文明的理性中成熟，在管理中开花结果，这自19世纪发展起来的理性主义的城市，是20世纪留给我们的另一种神话。

——作家约翰·查普曼（John J. Chapman）说，纽约的此在是如此强大，以致它的过去已经变得不见踪影。

纽约的"现在时"是依赖九止境的"发展"而维系——那个臻于"成熟"的纽约，它纷扰的外表下面，其实是一丝不苟的经济和权力机制，它们的基本动力就是无餍足的对于效益的追求。由资本强权所激励的发展固冷漠无情，却为这城市带来可持续的生机；取旧的宾夕法尼亚车站而代之的新车站纵然平庸，但现实地看来，它无疑要比昂贵的旧车站易于维护，也实用有效得多。换而言之，更盼望拆毁这座车站的，也许该是这座城市的建设者们自己。

耐人寻味的是，由雅各布斯拉开帷幕的新时代里，"进步"不再是"发展"的唯一目的，"文化"的变奏也未必和"经济"亦步亦趋。

作为讲求效率的实用主义者的建筑师，举起双手拥抱现代主义以来的简明和抽象，但是，作为这座城市的居民，他们却一样需要旧生活沉淀下来的细节，讨厌没有装饰的、光秃秃的变革，"更新，别撕裂"（Don't amputate–renovate）成了抗议改造城市的游行队伍新的口号。被动语态的"现在时"有一个显而易见的后果，那就是人们心甘情愿地停留在过去，只是满足于他们的所有，而很少虑及这有限的所有和一个更大的系统间水乳依存的关系。

（这不禁使人联想起今天，那些为了保存本地文化的舒适感，而主张无条件地取消"血汗工厂"对抗全球化的西方人。)

对于这种混融的城市图景里新与旧的冲突,我们东方人,尤其是我们中国人,竟有着意想不到的冷漠——一方面,或许是由于我们久已习惯混融的时间和空间,无论是倏忽去来的物质世界的枯荣,还是渺小个体在这时间历程之中的挣扎,我们都已经习惯了,无动于衷了……另一方面,"经典"这个词和传统社会仪式的关系早已脱卸,在等级森严的东方社会里,它不过是没有生命的一个象征权力和地位的符号……

无论如何,当大大小小的"深度导游"跟你说,他们会带你在一天之内遍历纽约的"精华",你信吗?每年出版的,专门为所谓"圈内人"设计的《纽约非观光客手册》(*Non-Tourist Guide*)拍着胸脯说,它薄薄一本里穷尽了这城市的最新变化,你信吗?谁能自信地保证:在这样一座不断变化着的城市,一直可以喝到他中意的咖啡?"百年老店"在纽约要么不是一个好词,要么就是徒有其名。

让我们最后看一眼,在苏荷(SoHo)遗留下未竟作品的意大利建筑师阿尔多·罗西(Aldo Rossi)的不同理想吧。在百老汇大街 557 号,在斯普林街(Spring Street)和普林斯街(Prince Street)之间,阿尔多·罗西为一家公司设计了一幢貌似老式的高层作为办公大楼,可能是个巧合,学者型的建筑师罗西这次的业主是全球最大的儿童出版公司"学问"公司。据说,那饱满红色的横饰带和立柱,是罗西对于纽约早期铸铁框架建筑的回应,它们在立面上的重复和搭配,保持着建筑师一贯的单纯和热诚,和它百年沧桑的老邻居若即若离。

看上去也就是那么普通,那么不起眼……其实,和人们心中变化多端的纽约相比,罗西的理想城市是大相径庭的,在纽约,不知这位不幸死于车祸的建筑师是否将进退失据?

罗西信仰的是坚固的、永恒的城市，他既反感官僚阶层对于城市事务的独断专行，也不相信城市能够在闹哄哄里自动完满自己，"一座城市就是一座建筑"，在他的名言之中，不再是复数形式的"城市"具有某种恒远的、清晰的品质，而"建筑"这个单体名词，也意味着"城市"是一个可控的、思想与现实交锋的过程——换而言之，这个建成物的集体却归结于个人化的，智识化的，和前后一贯的努力。

或许，这种自下而上的微末努力，最终并不能对抗那些压倒性的力量（政治、经济……），但那恰好是我们为什么需要请建筑师（而不是设计了乔治·华盛顿大桥的工程师）帮忙来"设计"这座城市的原因。

——"设计"不仅仅是结果，它更关乎一种理想。罗西显然不喜欢纽约式的云山雾罩，他的理想，是散发着友好和热意的城市，既不张狂，也不迷离，建筑师穿过明确始终的路径，走向他熟悉的街区，以及全部的生活……

然而，对于懵懵懂懂闯进这座城市的访客而言，时间在纽约终究是一个谜。

2

起 点

纽约三点时，伦敦刚刚 1938 年。

——贝特·米德勒（Bette Midler）

格 栅

　　路易斯·康有一部《英国史》，一套八卷本的《英国史》，他每次却只读第一卷，只读第一卷的第一章。"实际上，我感兴趣于第零卷，这是不曾写出的。"他说："历史，不可能从他们讲起的那个地方开始，历史比这更早，只不过没有记载罢了。"

　　在纽约的时间里，那个本属于捕猎野鸡的印第安人的"第零卷"，终结于欧洲殖民者写下的历史第一章。早在 1524 年，为法王寻找通向亚洲的新航路的佛罗伦萨探险者乔瓦尼·达·维拉萨诺（Giovanni da Verrazano）就驶进了纽约湾，可是因为天气原因，他最终止锚于外海，从未涉足曼哈顿的土地。将近一个世纪之后，是荷兰人第一个在曼哈顿岛的尖端建造了贸易据点，并声称对哈德逊河流域附近，今属康涅狄格州和德拉威尔河之间的土地拥有主权，1622 年，他们成立了荷属

那个时候普遍流传着关于"开始"的传奇。

纽约的起点

在"开始"的传奇里被改写的历史：纽约市的市徽上，欧洲殖民者手里拿的是测绘用的铅锤，印第安人反而手持武器。那只高踞其上的美国鹰用它的目光暗示了一切，殖民者和印第安人之间是象征着和平和收成的风车（他们俩每人得到一桶面粉），不要忽视了那只海狸，它象征着殖民者赖以征服印第安人（甚至不用展示武器，只需要使用铅锤）的秘密，这只狡猾的动物出现在许多工程院校（麻省理工学院，加州理工学院）和伦敦经济学院的校徽上。

西印度公司，叫做"新荷兰"，曼哈顿附近的区域随即被命名为"新阿姆斯特丹"。

那个时候普遍流传着关于"开始"的传奇。

落足未稳的欧洲殖民者随便用玻璃珠，或是什么廉价的物事，就轻而易举地"换取"了今天的一座城市——后来的西方"学者"还要振振有辞地说，法理上，印第安人并不真正拥有曼哈顿岛，今天能给他们留点就不错了！对哥伦布立鸡蛋式的神奇故事，很多人或许已经耳熟能详，每次，都会有听故事的人不无感慨地说，为什么不是我们先把这个鸡蛋立起来？如果郑和或是其他中国航海家多一点魄力，扬帆漂流到了美洲，哈德逊湾的尖岬处是否会出现"新北京"、"新长安"？凭着我们一贯标榜的仁义，印第安人没准还可以多得些好处。

这种"如果"听起来似乎像那么回事。1672 年时，曼哈顿岛上的殖民据点看上去怎么都还像一座欧洲小城市，由城寨的边缘，蔓生出一道抗拒外敌的城墙——大名"墙街"，这城墙经行之处就是今天的华尔街（Wall Street）了。"墙街"内的城寨，和人类殖民史早期偶尔一现的海盗据点，或是漂流者的避难所并无区别。

看上去，这块土地由意大利人、荷兰人、爱尔兰人还是中国人来入据并不重要。

然而，真正决定性的时刻在一个半世纪后的 1807 年才真正来临，这时新阿姆斯特丹早已易主于新生不久的美利坚合众国，这块原本属于印第安人的土地，在英国人的荫庇下又改名纽约，也即"新约克"，用以纪念后来成为英国国王查尔斯二世的约克大公。1807 年，三个籍籍无名的东海岸"洋基"，西蒙·德·维特（Simeon de Witt）、加文那·莫里斯（Gouverneur Morris）和约翰·罗斯福德（John Rutherford）受托设计一种规划模型，可以对"最终的和决定性的"扩展曼哈顿岛进行操控。

这围绕"开始"的故事并不传奇，事实却证明它威力无比。

四年之后，在将已知区分于未知的疆域内，这伙人笔直规划了12条由南向北的大道和155条由东向西的大街，说是"规划"，它只比纯粹的纸上谈兵多那么一点成绩，在预计有道路通过的地方，他们埋下3英尺见方的大理石界桩，如果不巧碰上石头，就打进去同样镌刻着街名的铁栓——看上去就这么简简单单的一招，似乎并无什么高妙之处，这些大理石或铸铁的地标，让他们在早期殖民据点迤北广大荒野里，描绘出了一座13乘155等于2028个街区的城市，排除地形上的偶然因素，这个阵列即刻间就把握了所有岛上的剩余土地，笼罩了一切未来人类入居的活动。

那就是著名的"曼哈顿格栅"，或今天所谓"网格城市"的滥觞。

1811年的刻板格栅，并非像今天建筑学家眼中那般玄虚而不着边际。在文艺复兴以降的那个时代，建筑师可以身兼工程师的角色，但同时他更应当是一名艺术家。很多这座城市的滥美者，包括从欧洲来的访客弗朗西斯·巴里（Francis Baily）在内，因此不得不埋怨，网格城市多少是以"公平牺牲了美观"。毫不奇怪，这些网格城市的设计师没有一个是严格意义上的艺术家：维特是一名地理学家和独立战争中大陆军的总测绘师，也是纽约州当时的总测绘师；少了一条腿的莫里斯是个出色的军事战略家和金融管理者；而出身于军人家庭的罗斯福德虽然早年学习法律并从事政治，最终却同样以一名测绘师名世。

虽然象征性地暗示了政治地理学意义上的"公平"，一群退役军人和测绘师鼓捣出来的这个冷冰冰的"格栅"，并不曾指望给美利坚合众国的先驱者们戴上艺术家的桂冠；而纽约，也绝不是北美大陆上第一座由实用主义者构想出来的城市。总是和威廉·潘（William Penn）的名字联系在一起的费城，其实1687年出自托马斯·荷姆（Thomas

90

从下城殖民时代的不规则街区到 1811 年格栅的过渡。

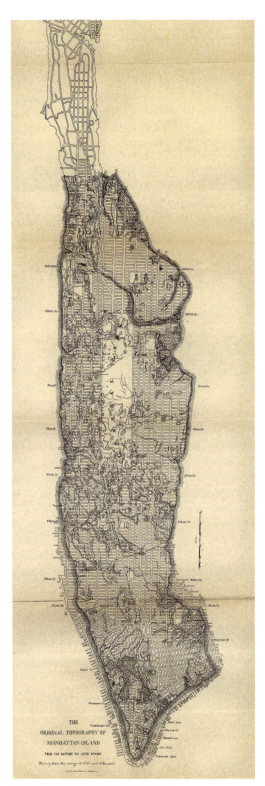

格栅淹没了自然地形，1880 年的曼哈顿。

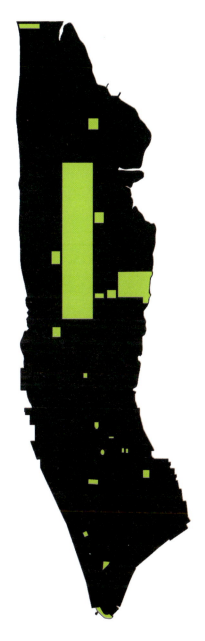

格栅中的例外，绿色的公园保留地。

Holme）之手，这位宾夕法尼亚州的第一位总测绘师在克伦威尔手下的军队里面当过上尉，他的测绘知识可能就是在那里学到的。因为参与辉格党（Quaker）运动的缘故，他和威廉·潘，这位宾州之父相见如故。

除了首都华盛顿，那个时代的美国城市似乎还没有闲情逸致注目于"形象"和美学。

纵使有了格栅，纵使一切都已在工程师密致的考量中安排停当，1811 年之后的数十年，纽约并没有显著地背离早期殖民地据点的模式。此前的荷兰人据点有"水城"威尼斯和阿姆斯特丹的影子，此后，旧大陆的宏伟图景依然时时在纽约客的脑海中浮现，使得格栅的魔力打了折扣。在此前规划的费城便是新公平和旧人情并行无碍的一例：荷姆和潘已经预见到，在斯库基河和德拉威尔河的水滨，"规划的（网格）城市"费城会和"建造的城市"（如波士顿）殊途同归：商业将在一定区域蓬勃地发展起来，逸出公平无情的技术理性之外；计划并不凌驾于形象之上，平均分配的人工网格并不会制约到人类聚落的有机发展；发展的原则依旧是步行者的物理"邻里"（proximity）优先，格栅的宏观调控不过助一臂之力。

在早期的纽约，1807 年精密的梦想并没有即刻涂满大地，在百老汇大街、鲍灵格林（Bowling Green）到中央公园之间，带着传统的惰性，商业和居住正沿着三个方向以马车的速度向北齐头并进，水滨之间那片格栅划定的空地的开发，依然被两岸之间的天然张力所撕扯。

那时候，这格栅只代表着一种理论上的可行性，它和真正意义的现代城市规划并不等同。和巴洛克城市看得见摸得着的生动图景相比，格栅不过一种二维意义上的可能，一种控制性的策略，而不指向任何可能在将来浮现的空间与形象——至少在航空照片和卫星摄影出现之前，除了上帝，还没有谁到达那个绝对垂直的角度，憧憬归憧憬，城市是城市，两者不说风马牛不相及，至少还没携起手来。在曼哈顿的格栅中，一切都是平面的，数字的，几何的，抽象的……一切都只是理性的投影，与视觉、风格或美学毫无关系。那时，还没有摩天楼或地下铁，没有凿穿岩石横跨大河的钢铁巨构，纽约的天穹下，尚没有出现强大到和上帝匹敌的现代文明的神祇。

曼哈顿的格栅浮现在形象的渊薮之前。

让旧大陆的来访者一遍遍赞美的依然是平面上的抽象，而非实在的感性：瞧，那"完美的规则性"！纽约的规整城市规划像极了公元前后罗马殖民地的兵营，似乎也有亚洲大陆腹地里墙垣起城、分地版筑的影子。然而，与东方城坊制度的都市长安最大的区别在于，这些网格营造的不仅仅是严酷的边界，它们还营造出一个系统里灵活的流通可能，和专制制度下的同心圆模式不同，流通不是会聚向一个不可见、也不可僭越的核，而是为了均匀地提高每部分间互连的效率。

在宵禁的，以及有着不可见不可达中心的长安，"棋盘街"民主均衡的视觉印象只能是欺骗性的，而在曼哈顿的格栅之中，不管你向西向东，或南或北，你将有无数的可能性。在"规划的城市"所带来的

测绘师和规划师

殖民时代的城市设计和政治军事用途的测绘一直密不可分，因为城市同时意味着"据点"，测量土地也就是占有土地分配土地的开始，这些和自然条件都不是必然相关。东印度公司时期的英军在追击反抗的当地人时，使用了三角形测量法来描绘印度人广袤的土地，点与点之间的相对运动和对峙的态势，已经记录了一段特定年代的历史。而美国国家土地测绘中，自杰佛逊以来发展出的方格——六英里法，则体现了美国开国者追求公平的政治理想，通过将土地不加区分地划分成 6 英里见方的城镇区（township），他们在提供农业社会意义上的方便的同时，也竭力避免可能出现的商业和政治投机。

自上而下的规划和自下而上的设计之间，是理想主义和实用主义者的传统的分歧，也是理念和生活的不同。城市规划的历史之中，关于"如何规划"的问题，也一直和这样基本的问题有关：为何一座城市需要规划？一座城市真的可以被规划吗？无论如何，是文艺复兴时期的西方人将"理想城市"推进了一大步，如果说，从中世纪城堡衍生来的"理想城市"。在阿尔伯蒂等人那里还维系着某种和感性甚至神性的联系，那么，技术官僚们的城市规划就多少成了一种云端之上的抽象。

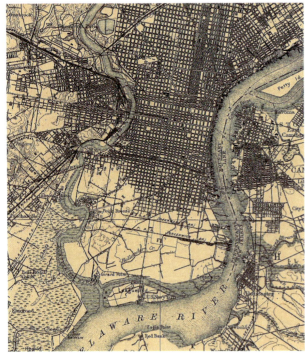

费城。

自由里，这种可能性可以无限度地扩张，一种新的不带前见的"系统"，已经隐隐地溢出了传统城市发展依赖的物理"邻里"。

冷不丁瞅一眼高空的曼哈顿，它规整的地盘划分就像一架巨大的摇奖机，鳞次栉比的，从这些规整的地盘上拔起的高楼大厦，宛如摇奖机里飞舞出的巨额彩票，代表了垂直方向上的万千种可能性……这种令人眼花缭乱的多样性是格栅最终结果的表现，却不是格栅的前设功能。从"纯粹"的建筑学意义上看，用以规划纽约城市的格栅，恰恰把一种预设的弥漫秩序推向极致，从而使得城市至少是在二维上趋于一致与平均。

这种平均一致的秩序自身是个矛盾体，因为秩序的目的反倒是为了取消等级，结果便是"混乱而有序"、"整齐而纷繁"。这奇异的矛盾体，使得随秩序而起舞的每一所建筑既为环境所左右，又迅即成为新环境的一部分，使得城市既是构成结构的基础设施，又是结构自身。它打破了既有的古典时代的美学预设：一切造型艺术——包括建筑——内部的对立（构图、比例、对比、节奏等等），都不过是为了消弭冲突，以趋于和谐或抵达一个"高级世界"的秩序；相反，这个本身没有侧重的均匀秩序却是为了导向自我竞争：它并不关心"空间"，也不在意"形象"；它没有前景、中景和背景，从万千可能之中涌现起的特殊性，只不过是暂时压抑了别的可能而已。

这种新都市模型的极致，便是超级工作室（Super Studio）的大胆理论，"从 A 到 B 的旅行"只比漫游的野蛮人多迈了一步，却是巨大的一步，"将来，将没有理由再设置道路和广场了"。

格栅使人们联想起二维艺术中的"画框"。在 20 世纪之前，绘画之中鲜见直来直去的线条——尤其是代表地平线的水平线条和代表重

框外之意，1642—1834 年间纽约下城的变化。

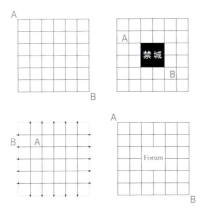

四种格栅的可能阐释，由左上角开始顺时针方向：

— 超级工作室："从 A 到 B 的旅行"可以有无限种可能，"将来，将没有理由再设置道路和广场了"；

— 长安，理论上从 A 到 B 有无限种可能，事实上，由于中心禁域的统治地位，这种沟通并不容易实现，相反，"禁城"既将运动吸引向中心，最终又拒绝接纳这种运动，结果，A 和 B 依然是互相孤立的；

— 罗马，"forum"（"广场"是其中的一种表现形式）和"禁城"最不一样的地方就是它鼓励 A 和 B 的进入，但是，有限的广场最终只能接纳有限的 A 和 B，因此，罗马的格栅是前现代的、贵族社会的；

— 纽约：无拘无束的格栅隐约暗示着"框外之意"。

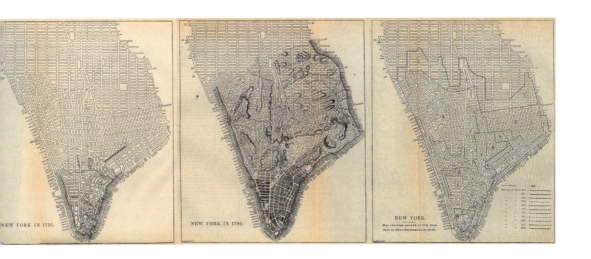

力的垂直线条——在形象的世界里这些直线条是不可冒犯的神明。画框本身虽然包括这些线条，但在观者的意识里，它们绝非与艺术作品本身等量齐观，就仿佛古典建筑的骨骼总是要用立面装饰遮挡，形象属于精神领域，画框则是它们与物质世界之间筑起的高墙。

格栅却隐约暗示着"框外之意"。在曼哈顿，从荷兰风格派开始的现代主义建筑唤起的，是一种"赤裸裸的无可救药的物质主义"，它像水银一样遍地流淌——"改变我们观览街道的方式，远比改变我们观览绘画的方式来得重要"〔居伊·德波（Guy Debord）〕。偶然性或"意图"被去除了，画布上的世界和画外的世界从此没有区别——它们服从于共同的、可以预先编排的"程序"（谁来编排随之成了一个潜在的、性命攸关的问题）。

在格栅之中没有特殊性，没有开始和结束之处，每一条直线都自动构成他者的"情境"或"文脉"。

在曼哈顿格栅面前，"自然"不再如过去那样重要——至少，它重要的方式不再和过去相同了。位于西海岸的旧金山和辛辛那提的平面上都看得到比例不等的格栅，可是，在旧金山，不规则的起伏山丘掩没了格栅的规整效果，而辛辛那提的格栅远没有达到纽约那般使人惊悚的密度。纽约，只有纽约，在纽约方格状的街区过处，地形的原有特色已经被人工建筑物的参差高度和规整地形的努力盖过了，在曼哈顿岛上，像墨瑞山丘（Murray Hills）和汉密尔顿晨兴之原（Hamilton Morningside Heights）原本都可以登高远眺，俯瞰哈德逊河谷壮丽的景色，而今对步行者而言，这种"自然"的本来面貌已经几乎被遗忘——和曲回如画的"托利"（Tory）式英国风景完全不同，纽约的"都市风景"，是土地测绘师描图笔下一个个整齐方格在二维上的互相牵掣。

现在，新的救主是"程序"，"程序"依赖于一个同构的、曲展自如的逻辑，每一部分都可以代表整体，而万千个性也融于整体之中。"框外之意"同时给了人们史无前例的自由和前所未有的错乱。

在现代主义者那里，尺度不再是不可冒犯的神祇，渺小的思想者每每声称要以一座单体建筑的思路"设计"整座城市，而测绘师的逻辑同样也被运用于建筑之上；这逻辑，不是艺术家的运思而是工业家的生产，它从程序与概念开始，迅捷地掠过感性的漫游，大步迈向抽象的"效率"和表面化的"形象"。古典主义建筑元素如希腊柱式、依赖比例、质地和工艺过程，它们和人的知觉本保持着天然的心理学联系。可是当工程师行使了艺术家的职责，结果却是出人意料。麦克金、米德和怀特一代的建筑师，不关心风格和使用的关系，只关心它们在图纸上的呈现，以及风格和"高等文化"的图像学渊源。

1893 年建成的老大都会人寿保险大厦（Metropolitan Life Insurance Company Tower），便大方"借鉴"了威尼斯圣马可广场钟楼的样式，只是新时代的城邦公民在它下面愈发显得渺小。这种混淆尺度的拷贝引起的感官错乱，对于设计者而言未必是本意——它们没有文牍主义的傲慢，它们完全出自一种实事求是的诚实，以求把效率推向极致。在没有在"建构"（tectonics）的另一套辞令上拴牢时，工匠的逻辑本是诚实的，用来制作家具的方法也可以制作高大墙壁的线脚，住宅建筑也可以照抄死人棺材，就像罗马人的拱券既用于建造斗室，也用于高大的斗兽场和饮水渠，甚至"El"——19 世纪下半叶开始风行纽约的高架轨道通勤火车。

"形式追随功能"，可当功能膨胀的时候，形式终将无所适从。

在曼哈顿格栅被设定的时代，英国水彩画家透纳所描绘的雨雾中火车冲破的速度，已经指向一种貌似的新自由。然而，在弥漫的雨雾之中司机并不能看清楚他前方的方向，他只是依赖于轨道和一系列复杂口令所预设的方向，一种无以修正自身的"程序"；对于突如其来的

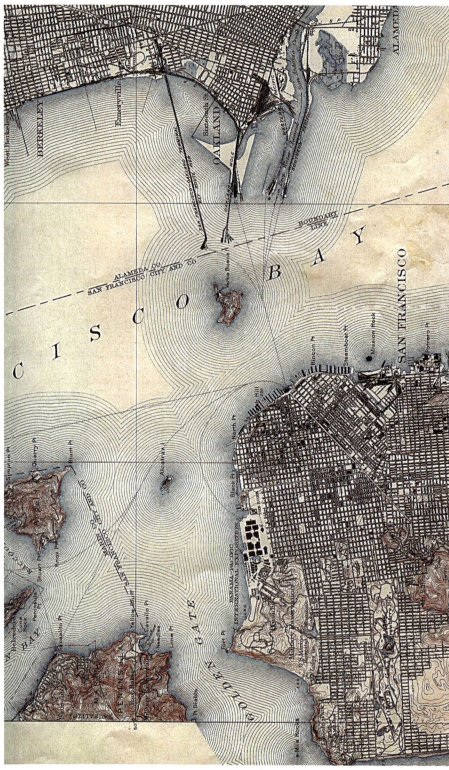

旧金山。

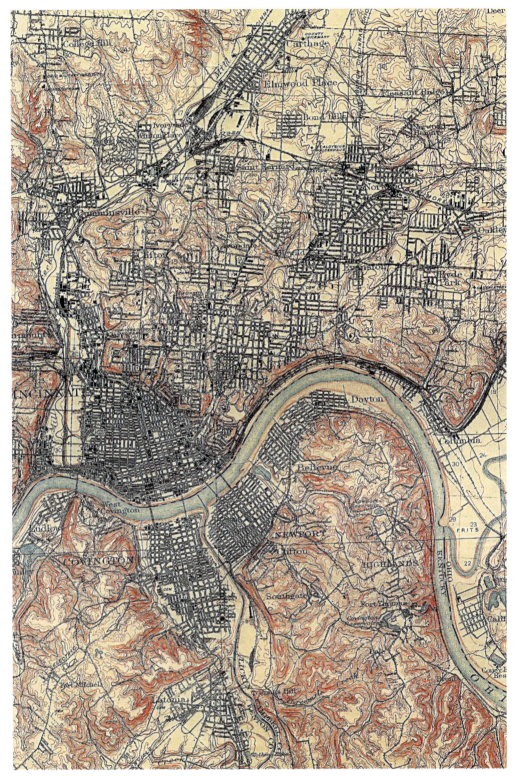

辛辛那提。

危险——假设这种危险确实存在的话——飞速前行的车辆是无从规避的,"程序"之中并没有包含改正程序的因素,而仅仅凭着感性,人们也无法判断错误的来由。

说这些为时已晚,启蒙时代以降,自信的欧洲人便开始不迷信任何教条,而今,这种乐观的情绪造就了建设 20 世纪初叶纽约的美国人,使他们在巴别塔之上的跋涉一往无前。伏尔泰曾经警告过:"我们绝不创造一种可以解释一切的原则,我们只对事物做出一个恰如其分的分析。"而事实上,这种信心满满的分析并不止步于恰如其分,它绝不执着于解释 切,它的野心在于成为一切。

——"自由"自然地导向"自动"。"自动"是曼哈顿格栅以降时代的关键词,人们相信去除前定的"程序"是通往效率之门,效率,将使得人的创造力臻于完美境地,更重要的,是它将昂贵的高等文化转至平地,成本创造的奇迹将恩泽每一个人。"自由"——"自动",1923 年,号称现代建筑之父的勒·柯布西耶在《走向新建筑》中,同时呼应于这两种诉求,"革命可以被避免",是的,如果革命的目的是为了去除旧的生产力的桎梏,铺天盖地而来的楼群,也适合做这个和平时代的救主,新建筑是在资本的摇奖机里随机抽出的神祇—— 一种"其自身就可以产生出幸福人群"的神祇。

蓝图初展

亨利·福特说,纽约应该有一个自己的政府,因为它是一个不同的国家。这位 20 世纪初的著名汽车商的一句玩笑,道出了纽约城市成长的不落窠臼之处,显然,这新时代的大都会和福特无中生有式的生意一起，是在流水线上被成批"复制"出来，而不是用手工业方式"制造"出来的。当1908年福特推出他的第一辆T型车时，他的面前并不是既成的生活惯例，也不是可以把握的文化形象，他所依赖的，只是一个似乎不着边际的想法，非凡的勇气加上成熟的工艺标准，以及最重要的——潜在的大量买主。

那些纽约之前的传统城市，大多逃不了经济企业、社会权威和政治力量的三重主宰。经济企业代表着物质在空间中调配运动的状况，社会权威蕴涵着这种运动的根本原因，政治力量把它们在现实空间中合而为一；在传统的城市中，要么是这三者通过宗教仪式和公共空间系为一体，要么就是政治威权使它们脱节互不相属。无论如何，两种情形都造就了鲜明而独特的空间经验，这种经验，在传统的社会里由眼睛直接送抵每一个人的心灵：堂皇的资产阶级民主秩序的透视广场，诡谲的重重门锁的东方专制社会的高墙……

在纽约，却是庞大却柔软、流动的垄断资本组织，使得可畏的"体制化"成了一种看不见——或者，被错视了——的可能。

别看曼哈顿的天际线咄咄逼人，靠金钱多寡建立起的权威并不一定历历在目——在历史上，我们常常有种习惯性的错觉，似乎一座城市的全部都归结为那些高耸的塔尖，那些"冒尖"的伟大人物才是历史的书写者；然而，再现不过是一层表象，那些构成看似绵延不绝的天际线的建筑，在平面上却是彼此脱系的。

伟大的功业后面无不是集体资源的调动。新时代肯定了这种集体资源的巨大潜力，并给予它不同的呈现方式，尽管书写历史的控制权依然还操在少数人的手里，透过数字游戏和机械元件的表征（representation），已不同于往昔那些石块垒就的坚实庙宇，而往往归结于使人误导的虚幻的影像。

——这个渐渐臻于极致的时代的最佳象征，就是收音机和留声机。

福特主义

亨利 · 福特（1863—1947）发明了大规模现代工业所依赖的流水线作业。虽然他本人是一个拥有 161 项美国专利的发明家，他更以一个有商业远见的管理者而著称。"福特主义"追求低成本和高生产效率，98 分钟之内就可以装配出来一辆汽车。福特率先创立的特许经营制度，则使得他的家族企业的影响迅速扩展到世界上的每一个角落。

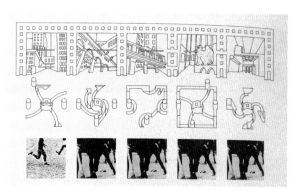

屈米的曼哈顿手记插图

三岔口

经济企业、社会权威和政治力量三者有趣地对应着伯纳德 · 屈米的建筑理论，在以《曼哈顿手记》（*Manhattan Transcript*）为题的实验作品中，屈米认为，空间、运动和事件构成了建筑的基本要素："空间"意味着从总体上把握的一种稳定结构，"运动"则是与之对立的，个人对空间的经历，"空间"和"运动"之间的矛盾，可以为群体性的社会关系，也就是"事件"所调和。值得注意的是，和那些重视经济因素因而具有唯物主义趋向的城市学者不同，建筑理论家们倾向于把空间、也就是结构本身，看作是讨论问题的起点。此外，无论是讨论"结构"、"形式"或"空间"问题的时候，人们往往忽略了东西方社会之中的某些相异之处，比如构成空间政治表达的"视觉知识"，在中国传统之中便有着不同的重要性。

灯火初上，无线电时代的标志。

爵士时代的穷人每天都守着 CBS 的广播节目，诸如 Atwater Kent 品牌的收音机，同时也是风行一时的"家具"，它们徘徊于新旧之间的形象，曾经吸引无数无知的孩子，仿佛那些美妙的音乐都是从这闪亮的小灯泡里面蒸腾而出的。可无论如何，把电子产品打扮成巴洛克家具的伪饰，如同公园大道旁新古典主义的精美立面，都不过是一层面幕罢了，真正的威力在于形象以外的地方，在于那些没有生命的微电流在半导体元件间的枯燥往复，只需要一种整体的调控能力，便可以使它们精确地落入同一个系统之中。可以产生万千繁复的，却是和微电流不相干的变化。

现在，正是纽约的格栅，使得这种惊人却是不可见的潜力从沉睡中爆发出来了。

整个 19 世纪，纽约的地价依然受到自然条件的制约，为东河和哈德逊河所分割的曼哈顿——尤其是上曼哈顿，满是懒洋洋的闲地——没有人气就没有起步的投资与开发，没有投资与开发就越难以集聚人气。可自从 1900 年地铁建成全面通车，皇后区的大批贫民涌入曼哈顿岛寻求工作机会，在短短的数十年内填满那 2028 个方格，便再也不是痴人说梦了。20 世纪之初时，曼哈顿还有大量未经任何铺装的地面，家养的鸡闲庭信步，安逸的啤酒园在中城还寻常可见，中央公园两边的风光宛如乡村小镇。然而，风水流转，转变好像是在一夜之间，事先并无特别的讯号，纽约的发展便铺天盖地而来，如同多克托罗（E. Doctorow）所说的那样：

> 世界上没有任何地方（作者注：除了今天的中国？）会有如此加速的能量了。一座大楼在田野里出现，第二天它就伫立在一条有马车驶过的城市街道旁了。

——即使一个国王的命令，也要沿着一条凯旋大道才能送达呢，而在 20 世纪初的纽约，"进步"好像是从地下一夜间冒出来的幽灵。

纽约城市发展的首先是集中——在第二次世界大战之前的一段时间，这种集中主要是看得见的物理集中，让人喘不过气来的挤——乍想起来，曼哈顿岛的人口集中似乎是个悖论：高昂的地价使得穷人本不大可能占据优势区位，既然曼哈顿和其他四大区自有闲田，低收入者或许该随着交通和贫富状况，从中心区依次向外铺开才对。可是缺乏完善的经济规划，盲目的向里聚集并不完全受"看不见的手"的摆布。不受遏制的土地垄断，奇妙地使得最富和最穷的人同时拥挤在城市的中央，前者对于"中心"的眷顾不难理解，后者的恋栈却多少出人意料——穷人们不过是无力承担长途跋涉、另起炉灶的高昂费用。

与美国革命先驱者的美妙期许有所出入，格栅并不总是关于社会公平；相反，它先是方便了投机商对于土地的买卖和垄断：小锤落定一张白纸很快画满蓝图，规划师意愿中的转型正义却迟迟无法变成现实。土地垄断者有地但无买家，穷人们缺房却无力投资，在生存限度之内，地产投机者将居住条件恶化到最大程度，房屋面积越来越小，卫生条件越来越差……

只要贫民窟的臭味不传到外面的大街上来，垄断资本家并无反对这种恶劣状况的热情——对他们而言，可租面积内塞进的人数越多，他们的单位收益也就越大。

"集中"不可避免地导致了标准化。如果"设计"（design）这个英语词在此还有切题之处，那么就是它的词源原意谓一种可以复制的"图案"——设计师不是工匠，他无需经历所有生产过程，也无需亲临现场，他只需提供一种纸上模本，一种依照程序抵达目标的路径。20世纪初的纽约资本家，对于不必要的"装饰"和"风格"都毫无兴趣。想方设法提高容积率，减少单位建造成本的"效率"，并不一定意味着高质量的生产，盘剥压榨出来的空间里的高收益，把"人"放到了末位。

出人意料的是，听起来乏味的"标准"并不绝对排斥"形象"，恰恰相反，装饰过度的手法主义和患了洁癖的"国际风格"（International Style）都先后在纽约泛滥成灾，重要的是"形象"本和"内里"无关——标准忠于资本而并不一定忠于实质，陈陈相因的"套式书"（pattern book）的大规模运用，导致了滥觞的灵活性和张冠李戴。一如我们先前所提到的，这种灵活性无视尺度和功用，像"布杂"华丽繁缛的纪念风格，既可以用于圣雷蒙（San Remo）一类居住建筑，也可以用于剧院和政府。

在纽约的"战前建筑"公寓楼，一间厕所也能像市长的办公室那样高大而轩敞。

一点都不令人奇怪，20世纪初纽约的建设和"福特主义"有着很多默契之处，无论是对于程序－生产线的强调，还是对于大规模生产、销售或是"标准化"的推崇，在这样"自动"的体系里，工程师大行其道，设计师的地位却岌岌可危。

可是出人意料的是，曾经醉心于个性与创造力的建筑师，在这命运攸关的时刻却转而拥抱"大"，或这集中与标准中生长出来的无边无际的整一性（totality）。

1935年，当大萧条后的美国经济在罗斯福的"第二新政"中跌跌撞撞前行之时，纽约迎来了它历史上富于象征性的时刻。在这一年，瑞士人勒·柯布西耶兴冲冲地抵达纽约，他声称，已经拥有了克莱斯勒大厦和帝国大厦的纽约做得还不够，他设想的明日纽约，应该是在浮游于半空之中的超级摩天楼群，他的"光辉城市"要地面完全让给行人，取消了街道和琐碎的商店；在无所阻隔的"超级街区"之上，是

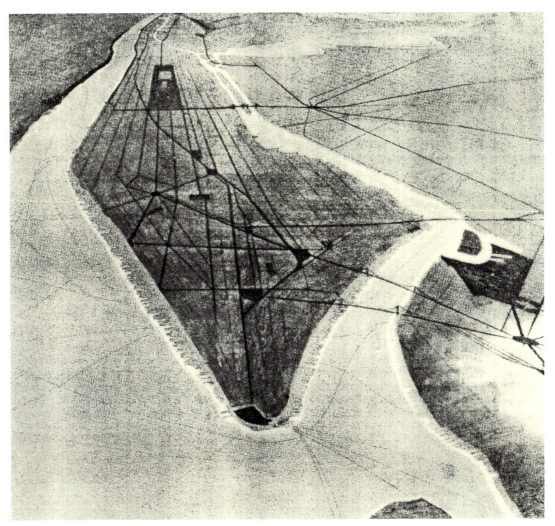

20 世纪初纽约的城市整治规划（NYC Improvement Commission Plan），1907。

设计 vs 生产

"艺术装饰风格"（Art Deco）和新的大都会生活的结合，造就了工业产品时代的新美学，这也是年轻的美国第一次在人类历史上独领潮流。雷蒙德·洛维（Raymond Loewy），一个出生于法国的年轻模型师，揣着40 美元由巴黎至纽约，由此象征着一段富有意义的转变，"工匠"摇身一变为"设计师"，一种全新的职业和文化诞生了，是他为宾夕法尼亚铁路设计的流线型列车，而不是幽暗室内的木器和珠宝，转而成了这个新时代的符号。

另一种极端，人们将如蚁群一般簇拥在火柴盒中。如此，街道的容量增加到百分之百：一个"自由的平面"。

一觉醒来，曼哈顿的居民们将惊愕地发现，在垂直方向上，这个城市已经被一剖为二，两半彼此重叠：一半（天空）交与密致的理性和功能，另一半（地面）扔给了不羁的人性和想象。

柯布的狂想曲，与任教于哥伦比亚大学的哈维·威利·科比特（Harvey Wiley Corbett）差不多十年前提出的高架拱廊步行道的方案有惊人的共鸣。唯一不同的是科比特提议将整个城市的地面交给机动车交通，行人只在第二层的拱廊街上步行，通过跨越街道的天桥，这种拱廊贯穿城市，组成了一种连续的网络，商店和其他的公共设施沿着拱廊在空中嵌入城市。

无论是在集体居住的憧憬之中，还是大地上无羁的漫游里，"大同"闪亮的美学都让人们目不暇接，如库哈斯《癫狂的纽约》所追述的那样：

> 我们看到的是一座人行道的城市，建筑红线内的拱廊，比现有街道平面高上一层。在所有的街角我们看见桥梁和拱廊等宽，有坚实的护栏。我们看到更小的城市公园……举起至人行道的相同高度……所有种种变成了一个现代化的威尼斯，一座由拱廊、广场和桥梁组成的城市，运河是它的街道，只是这运河中注入的不是真的水，而是自由流淌的机动车流，阳光闪耀在车辆的黑顶上，建筑映照在这种飞驰的车流之中。

在插图画家朱利安·克鲁帕（Julian Krupa）的帮助下，"明日城市"将对于天空的通俗想象渲染成了一种技术的乌托邦。像科比特这样更贴近这座城市现实的建筑师们，或许比柯布更清楚，格栅的威力不仅仅源于"程序"的放任，也来自边界的桎梏。纽约狭小的格栅，注定使得投资与投机限制在网格所界定的街区之内，当它们不得不和公共生活发生这样或那样的关系时，这关系只能是虚情假意。

即便是纽约的癫狂发展，也不一定可以跟得上现代主义的疯狂想象，一种理性的疯狂。

这种疯狂的想象既可以象征民主或理性的胜利，也可以粉饰法西斯的或极权体制的凯旋，但这想象注定和先入的道德判断无关，它们只是使得功能主义和效率的现代神话深入人心罢了。这格栅城市在纽约产生的后果，比起科比特的想象来相去并不远，那就是亨利·福特所鼓吹的"民主化的资本主义"。在这种"大同"之中屈居第二位——如果不仅仅是空中第二层，是人行道上建立起来的脆弱的共和国：混乱的人流在它狭小的版图里跌跌撞撞地行走着——在巍然屹立的高楼墙壁和"飞驰的车流"之间……

在两座最著名的美国新兴都市，芝加哥和纽约的城市历史对比进一步证实了这种"整一性"的大势：标准化。大萧条并没有阻挡"进步"的隆隆车轮，只是使它的进程陡然变得更乏人情味——"程序"和"形象"，或为柯布所分离的"功能"与"感性"，它分歧的车轨终于合而为一了。

1940 年之前，本地的自然和政治条件，加上工程技术条件，依然制约着各地的建筑发展面貌，使得它们形成各自不同的面貌，比如：工

雷蒙德·胡德

作为"布杂"一代的建筑师雷蒙德·胡德（1881—1934），看起来绝非一个现代主义者，毕业于巴黎美术学院，胡德长期雇佣雕塑家雷内·钱伯兰（Rene Paul Chambellan）为他工作，看上去，他对形体、造型这些古典建筑的要素，乃至于对于装饰问题，都显得更为热心。1924 年，胡德击败密斯和沙里宁等人而赢得的芝加哥论坛报大厦竞赛，被看作是初生的现代主义在美国的挫败的一个标志，胡德也俨然成为保守势力的代表。不过，在胡德后来的作品洛克菲勒中心（1933—1937）那里，他的建筑思想又表现出了某种向前看的倾向。

程技术在"芝加哥派"的形成之中发挥着至关重要的作用，而身处老派的新英格兰地区的腹地，纽约的都市面貌更容易受到保守的"布杂"风格的影响——但是到了第二次世界大战结束之后，随着美国国内经济被更有效地连成整体，你已经很难区分两座城市的建筑风格趋向有何显著不同，密斯在芝加哥，也在纽约——这是"国际风格"在"二战"后被广泛接受的一个重要前提。

如果纽约还有什么卓然不群之处，那便是这个为利润而生存的城市独一无二的形象，"形象"所带来的文化奇迹，宛如摇奖机里摇出的亿元大奖，它的魔力产生于种种桎梏之中走漏的一丝春光。那百万分之一的微茫的可能性，却使得产生这偶然性的整个机构，都看上去熠熠生辉。

"程序"越是执拗，"程序"和"形象"的自相矛盾就越是积重难返，这一切似乎从"格栅"的开始时刻就已命中注定……名义上，这新大陆的国家虽以勇气与胆识著称，纽约却不是一个最适于雄心勃勃的总体计划的城市；20世纪初期纽约崭露头角时，它曾经以罗马帝国丰饶的古典姿态一往无前，这出史诗剧的终场，却是看起来刻薄寡恩的现代主义的大获全胜；当时间证明曼哈顿不再是地球上唯一的新潮都市时，它所采取的对策是既不向前，也不向后，而是没完没了的顾影自怜，仿佛那产生幸福的神祇，真的可以拽着头发把自己拔出水面。

纽约成了人类历史上最疯狂的都市实验场。

在20世纪初期的文化热度里，少有人去认真检视纽约这种惊人发展后的不连贯性，和柏林、伦敦相比，纽约是一座彻头彻尾的私人资本的城市，它的一切奇迹都是来自于计算与经营，从没那么多欲说还休、患得患失。它对于自己营造的奇观总是踌躇满志，对这奇观的潜在危险却不置一词。

罗莎琳德·克劳斯（Rosalind Krauss）说过，纽约这样的网格城市同时以空间和时间两种方式宣告了它自己的"现代性"：无论空间或时间都缘自于差别，缘自于清晰的单一主体对于世界的感知。可是在格栅所代表的人类经验世界的模式里，并没有先来后至的差别，也从没有一个大写的"我"。从 1807 年到现在，波德莱尔笔下的"都市闲游者"（flâneur）开始拥有了一种前所未有的可能性。他可以在一天之内经历整个世界：这个世界高度浓缩，它由一个个物理尺度相仿、内容和组织方式却完全不同的街坊构成，这些空间单元看似随机的编排却产生出了惊人的效力。

标准化和整合，这两个格栅城市独备的利器，使得空间、时间一方面被武断地割裂开来，一方面又毫无理由地混融在一起了。

时间的断裂和融合带来社区的不安，仅仅是在四五十年间，这种史无前例的"经规划城市"的威力和弊端都已初露端倪。在一往无前的历史时刻里，偶然一现的混乱，不过是危险的火星点点，在困惑的目光里偶然闪现，被理性之鞭所驱赶的时间，使得这些目光无暇回顾，只有在停下来喘口气的时候，在拆毁宾夕法尼亚车站的年月里，这些微弱的火星才迸发出惊人的光亮：

> 联体公寓的店堂变成了手艺人的陈列室，一个马厩变成住宅，一个地下室变成了移民俱乐部，一个车库或酿酒厂变成了一家剧院，一家美容院变成了双层公寓的底层，一个仓库变成了制作中国食品的工厂，一个舞蹈学校变成了印刷店，一个制鞋厂变成了一家教堂，那些原本是穷人家的肮脏的窗玻璃上贴着漂亮的图画，一家肉铺变成了一家饭店。[1]

即使是那些最犀利的都市主义者也未必意识到这深刻转变的意义，

[1]
简·雅各布斯:《美国大城市的生与死》。

他们渴求的朋友其实也是他们最大的敌手。在简·雅各布斯的眼中，只要因求得法，这些混搭不过是些"小小的变化"，和罗伯特·摩西的巨无霸式开发不可混同——变化本身并不值得谴责，她并没有将漫无头绪的转换和再造城市的灾难联系在一起；但是换一个角度来看，这种变化恰恰是巨大灾难的前驱。和秩序井然的传统城市演进有所不同，格栅城市的前生今世间本无一种必然的联系。就像我们在那座新和旧间杂的城市中所看到的那样，人们在立面上拥有的形象远不能反映它平面上变化的逻辑。

——这些形象终归是欺骗性的，它们像一付魔术师手中的扑克牌那样，可以被洗成万千种不同的可能组合。

在"五月风暴"来临之前，秉持人本主义理想的建筑师和知识分子尚不能有效地反对"进步"，他们只是可怜地坚持着，像那些反对拆毁宾夕法尼亚车站的抗议者一样，要"更新"，不要"撕裂"，要"微小的变化"，不要"粗暴的'系统'"……在经历了两次世界大战和冷战的西方世界，人们总是对从天而降的"系统"心有余悸："先生，请重新贴回希腊柱式上的那些金色的莨苕花饰吧，我们不要光秃秃的预制水泥板，一面巨大的墙，布满无数没有变化的紧闭的窗户，我们不要冷冰冰的邪恶的'程序'。"

不，"程序"不一定是丑陋的，其实"程序"没有一个固定的"形象"，它本与"形象"无关。[2]

此处尺度决定一切，而尺度归根结底是人与空间的相对关系。早期，以惊世骇俗的概念性作品著称的奥地利建筑师汉斯·霍莱因（Hans Hollein），从这一角度揭示了曼哈顿的非同寻常。他将寻常物品——而非建筑——或者一个打火塞，或者一个汽车传动轴，在拼贴画中置于曼哈顿稠密的人工建筑之间。一怔之下，你会突然产生一种尺度对比产生的悖谬：如果设计师真的可以像摆布玩具般经营一座城

[2] HAL
"程序"没有一个固定的表征，它却不妨有一个可感的形象，闻名遐迩的"HAL"源自于英文的 Heuristically programmed ALgorithmic computer，一个企图控制人的高智能机器人，在斯坦利·库布里克的电影《2001：太空漫游》之中，HAL 的视觉形象是一个不动声色的摄像机眼睛，这眼睛却不代表控制它的真正机制。它拥有人的一切官感，可以像人那样识别声音、图像和运动，但是人从它那里却察觉不到任何"内心"的活动。在英语之中，HAL 已经成为"异化"的机器文化的一个图标。

摩西·金（Moses King）的"纽约大观"。

汉斯·霍莱因惊世骇俗的作品。

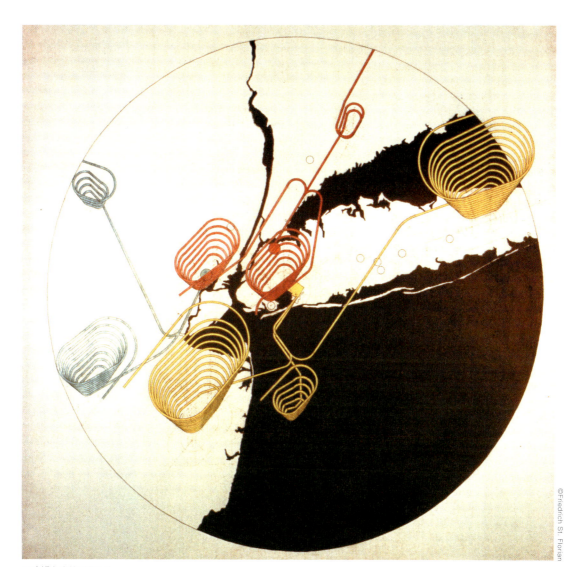

曼哈顿上空的"房间"。

市，不成想有一天，就会走来格林童话里一步几里地的巨人，将它粗鲁地碰坏？

以一种更优雅的方式，霍莱因的同学，奥地利建筑师弗雷德里克·圣弗洛里安（Friedrich St. Florian），表达了类似的理念。

幼年时，圣弗洛里安最喜爱的便是在沙滩上建筑城堡，与成年后建筑师的职业不同，在这种孩童的游戏里，需要一个人完成从"设计"到"施工"的全部过程。在成为建筑师之后，圣弗洛里安迷上了另一种堆筑沙堡的游戏，这两种建构物各自在潮水或想象中一瞬间坍塌，一样是永恒和须臾的游戏，只不过在两种游戏之中，人和建构物的关系正好相反。

圣弗洛里安在纸上建造了一座"曼哈顿的鸟笼"，鸟笼里面是曼哈顿上空的巨大"房间"，在这些房间里逡巡的不是凡人，而是一眨眼间可以出去几千米的、盘旋在曼哈顿上空等候"会见"的飞行器——在曼哈顿的左近有三个主要的机场，位于皇后区北端的拉瓜迪亚机场，位于皇后区南端的肯尼迪机场，加上隔着哈德逊河的新泽西纽瓦克机场，这样，飞机的轨迹便在空中暂时——这个"暂时"或许是一分钟？——定义了一座巨大的看不见的会客室。

——谁是这间会客室的主人？

美国评论家们曾经嘲笑过，新生苏联政权构思的超尺寸的列宁像，是极权政体下才会产生的事物，可是，在芝加哥论坛报大厦竞赛之中，阿道夫·路斯早已暗示过，资本主义新圣殿里供奉的神祇其实别无二致。路斯那超乎寻常的多立克柱式，便如纽约无限膨胀了的圣马可钟楼，制造出一种直上云霄的幻象，在这幻象里君临城市的纽约客却分明久困于浮生。

在格栅所激发的现代主义热情的余脉中，一个接一个地迸发出来的，不仅仅是变幻尺度的雄心，诸如超级工作室的"12 个理想城市"

系列那样，将荒野瞬间化为都市的想象使人们既惊且惧，这种惊惧时常使人们回忆起中国历史上"化家为国"的超大城市，但在圣弗洛里安的沙滩上，它更多地却是指向一种现代人出于直觉的恐惧，在不可理喻的转幻中一切均有可能变成它的反面：

都市瞬间化为……荒野……

——无论是柯布的"光辉城市"，还是弗里茨·朗（Fritz Lang）阴森的《大都会》（*Metropolis*），都还仅仅是想象，现实的纽约暂时依然安顿在一个脆弱的平衡点上，无论它的明天是天堂，还是炼狱。但是，通过《第五元素》或《刀锋战士》这样的通俗电影，另一种意义上的纽约已经深入人心了：昔日大地上的人最害怕的莫过于狼群的袭击，通过修建一个四面孤立的坚固堡垒，这种危险得到了缓解，而《第五元素》之中 2263 年的纽约已经变成了一座巨大无比的堡垒，废墟般堆积起来的沧桑外表，表明它巨大的脆弱感和无可挽回的孤立。

"9·11"之前，各种层出不穷的关于曼哈顿的毁灭故事都是何妨遐想而不可思议的，而如今，那个披头散发的"贞子"已经从薄薄的一层电视屏幕后面走出了！[3] 危险之所以危险是因为它不可见，它可以从各种意想不到的方向袭来——"9·11"证明这种危险并不是杞人忧天。

这种危险里最关键的是一种孤立无援的感受：一方面，你的脑海里充满了关于这个巨大结构的知识；另一方面，你的眼睛和心灵却远远不能被这些知识所抚慰；在这个井井有条的世界里，个人的历史只表现为一些破碎、零落的影像，是每一小方格里的一幕，它们无法彼此呼应，甚至也难以互通声息；不管是精确地上下电梯，控制自己要去的方向，还是按烹调节目里的"科学配方"买菜下锅，只是依赖于一套抽象的系统与程序，肉体的经验和心智差不多已经完全脱离。

[3]
"贞子"的形象源自日本
恐怖电影《午夜凶铃》。

超级工作室："12 个理想城市"。

霍克尼看纽约

英国人大卫·霍克尼（David Hockney，1937—）是一个全能而富影响的现代艺术家。1961 年，霍克尼来到纽约，在这个浮华的大都市里产生的灵感，促使他将威廉·霍加斯（William Hogarth）的教谕画"瑞克的进步"（A Rake's Progress）戏仿成同名的一系列画作。虽然霍克尼在纽约亦交游于安迪·沃霍尔这样的波普艺术家，但是他的天才更表现在他不拘一格的创作上。他在摄影上最有名的发明便是使用"保丽来"的立可拍相机从不同角度拍摄物象，并将它们拼贴在一起，呈现了一种彼此近似、绵延不断，却又有着细微的龃龉的奇特整体形象。

对于企求个性化的差异的人们，大规模制造给出了两种解决方案：一种是"立可拍"相机式样的生产，系统生产的"程序"攸同，但是由于拍摄时间和制作情境的区分，产生了细小的个性，这碎片之间的差别让人头晕目眩；另一种却如罗西，认为这道理该颠倒过来，个体不妨承认某种"永恒"的范式，这种范式在不停地重复着自身，并在它的语境里得到修正和变化，也同时整合——"感染"（？）——了那严酷地压榨着它的语境。让人感动的源头，是作为作品一部分的设计师，是浸润在生活之中的城市的使用，而不是摇奖机器随机产生的细微区分。

理论上这种细微的差异可以让人眼花缭乱，但在现实之中，它们却无以组成一个有序而紧密的"人"的集体。

在"企业化生产"的事务所与"设计至上"的小业主之间，在一掷千金的地产大亨和"抵抗的"建筑学之间，在城市的规划者和设计师之间，在罗伯特·摩西和阿尔多·罗西之间，关于"效率"和"效用"，关于"功能"和"功用"，这样的争论永远不会结束，也不会有水落石出的时日。

癫狂的纽约

19 世纪末 20 世纪初，对于超大城市的惊人密度，农业社会夕照里的文化精英普遍抱有一种恐惧的心理，霍华德——超级都市"疏散论"的先驱者和理论家，因而给出了一个乌托邦式样的理想城市解决方案："花园城市"兼有大城市资源集中的优势和乡村生活的舒适，城市作为"系统"或"程序"的意义还在，但是物理集中所招致的压迫感已荡然无存——不管怎么说，霍华德依然将这种松散的人类居住模式称为"城市"而不是"乡村城镇"。

纽约的英雄谱：摄于中城。

——是要纽约式样的集中，还是"花园城市"的疏散？

　　在超大城市的弊端初露端倪的 20 世纪初期，它的前景似乎系于这生死攸关的抉择之上，貌似非此即彼。1935 年秋天，不约而同地，弗兰克·劳埃德·赖特，美国本土第一个产生无可置疑的国际影响的建筑师，与勒·柯布西耶同时对这个问题给出了答案。和柯布大胆狂妄的集中论相比，赖特设计的"广亩城市"让每一个美国家庭拥有一英亩的土地和资源，这稀薄的网络名曰"城市"，却是要使得"系统"将支配的权力交于寥廓大地上无拘无束的个人。

　　他更坦率地宣称"执着于探索美国精神的愿望绝不在纽约市而在中、西部"。

　　自命为传统主义者的赖特，用不着对他的断言给出什么高深的理由，对这种奇特的城市恐惧症的心理症候，他只需要依赖自己的直觉就可以了。

　　在 1922 年写的一封私人信件之中，20 世纪初知名的美国文学评论家，有"巴尔的摩之圣"之称的亨利·门肯（Henry L. Mencken）已经注意到，对很多人而言，纽约绝不是一个惬意的久居之地。他接下来分析道："你可曾注意到没有一位美国作家会在曼哈顿常住？"门肯的评论中流露的一丝倦意，似乎暗示着熙攘的纽约常滋长了心灵的"荒芜"——这怪论听起来真是难以置信，使人联想起"跛子巴布尔"，16 世纪由中亚席卷而下的莫卧儿王朝奠基人的名言，在他的眼中偌大的印度次大陆居然"无甚可观"。

　　西方素来有这么一种传统，神志清明的北方人置身于狂欢的南方，兴奋之余通常会感到不适，理智宜于温和的花园，而戏剧性的历史才会喜欢炎热的气候；反过来说，热情好动的南方人又会觉得寂静的北方过于冷峭——北纬 40 度线上的纽约却集成了两种截然不同的品质，一方面，它嘉年华会的氛围往往使初次的访客手足无措，一方面它的

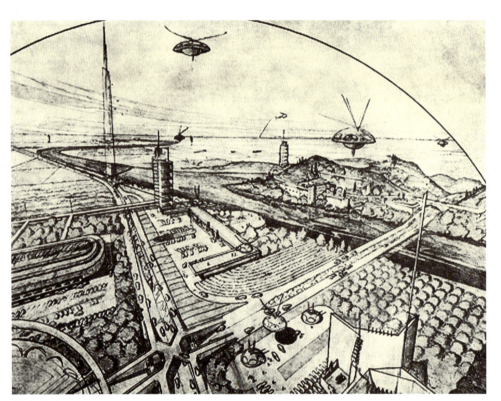

"广亩城市"。

《第五元素》中臆想的数千年之后的大都会，很遗憾，这样的城市的居民并不是些超人。

生存气候又可能极其严酷无情，像不时从加拿大席卷而来的寒流。

症状一是拥堵（congestion）。今天的拥堵似乎更多是亚洲的专利，使人油然联想起日本新干线上雇人往列车里推乘客，或是北京环路上塞车的情形。然而，亚洲城市的拥堵并不使本地人感到过分惊讶，对于 20 世纪初才真正成为一个工业国家的美国来说，挤得满满的纽约却绝不是一种生活的常态，对于个人主义大行其道的"自由"社会来说，如此被压榨殆尽的私人空间根本出乎意料——"典型"的美国人应该在一片幽静的林荫下长大，在公共草坪和社区小广场上度过童年和壮年，最终又死在一张寂寞的床上。他们何以在纽约落魄到了这般田地？

这样巨大的反差，让纽约的现实时刻刺激着神经和身体。

——拥堵使人们首先想起的是百老汇大街上的塞车，尤其是那些亮黄色的出租车，活像废气里一串串瘫软的甲壳虫。但是更多的时候，这种塞车是一种永远延宕的状态：密度不仅仅是一个数量除以空间的等式，它既包括量，也包括空间的质地。就像加埃塔诺·佩谢（Gaetano Pesce）的"二人居"那样，空间本身固然已经足够逼仄，但同时，这种简约的空间设计的意蕴本身，更使人无法忘怀那个更广大的世界对它的压迫。当空间使用的"效率"并不使人享受，而成为营营役役的目标之时，人们已然无地自由了。

第二是速度。在亨利·米勒心目中，纽约的生命力中，有一种把人逼得发疯的催迫（trip-hammer），只有像他这样内心沉着的人才会抗得住；无独有偶，《了不起的盖茨比》一书的作者菲茨杰拉德说，他可以在心里揣着这座城市上路周游世界，但是在梦里，他会时不时地想要把它"扔"出去。

——速度和密度是相互联系的，"居住的机器"中选择的紧迫，使得人们不得不在最短的时间内做出抉择。表面上看，一个纽约客拥有几乎无穷尽的资源，其实他枯槁的生活只交织在有限的点上，每个空间都只能完成单一的功能，而无法调动他大部分的身体经验。

传统意义上的时间在纽约已经趋于停止，但通勤者的生活却依然充满不安和变数，这种变动不仅仅限于传统意义上的物理变动，它还表现在股票交易所不停地变动着的数字，以及人们脑子里的各种纷繁想念。一个通勤者或许毋须走上几十个街区，但为了每天隆隆的车马行旅，他却可能要考虑一二十种变数：火车的时刻，车站的结构，转换的路线，取款机的位置，银行的密码，途中顺道约会的朋友的电话……

第三，也是最后，是疏离（isolation）。由"疏离"而来的"异化"（alienation）是20世纪初文人们时常挂在嘴上的一个话题，它在纽约的表现是成千上万人的"一起孤独"（alone together）——仅仅是关切于交通的效率，都市里看似泛滥成灾的"连接"不一定能帮助人们更好地沟通，却往往造成了无可挽回的割裂。过于有"效率"的连接，使得连接的结果成为首要，而连接的过程和原因却被忽略了。于是，出行的目的只是为了工作，不出门的理由也是为了逃避工作，在这种有效连接的强大逻辑下，传统的"邻里"关系不再是交流的前提，一墙之隔的人反倒老死不相往来，提心吊胆的数英里之外，那个在电话线上拽着的人是否可达，完全取决于"系统"是否有效运转。

这些超级城市的症候并非是纽约仅有。但是纽约却是这些城市病的集大成者——以致它成了这种症候的代名词。我们不该忘却的是，这种大都会风情或规划病恰恰是理性本身的产物：放弃自由的决定恰恰是那个追求自由的人做出的。很少有人彻底地反对城市，反对宛如神明一般的"进步"——他们反对的只是它的缺点，可是如何能够将水和油截然分开?

于是有所谓"癫狂的纽约"或"精神分裂的纽约"。注意这里的"癫狂"未必一定是个彻头彻尾的贬义词,"癫狂"的时候,不同人们的感受可能截然不同,有人感受到的是暴民狂欢式的快感,有的则是深深无以言喻的焦虑。

奇妙的是,对于这两种感受的不同支持者而言,渐渐地,纽约的毛病或是美德都变得无法抵制。如果说在宾夕法尼亚车站的废墟上,五十年前的抗议者头顶依然有清晰的"邪恶"的阴影,那么,老年的雅各布斯大概已经找不到一个当然的敌手了。

在不同的历史和文化情境之中,这"癫狂的纽约"有先来后到的二部和声。

被马尔科姆·考利(Malcolm Cowley)称作"最后一个伟大的人文主义者"的刘易斯·芒福德成长在纽约上西区,一个德国移民后裔的家庭,据说,母亲在他41岁时戏剧性地向他袒露了他的身世,他本是一个犹太商人的儿子,小芒福德是她年轻时一次风流韵事的结果。

在纽约居住了四十年之后,垂暮的芒福德却出人意料地搬出了纽约城,在离曼哈顿将近100英里的一个纽约上州小镇阿美尼亚,过起了半隐居的生活。或许因为这种隐士般的归宿,人们很容易把芒福德和大都市的疏散理论联系在一起,事实并非如此,芒福德本人极力谴责"都市蔓延"(urban sprawl)是一种"乌托邦式样的愚行",认为它在美国被发展到极致,以致成了"20世纪最深重的罪孽"。终生都以一个纽约客而自豪,芒福德从没有学会开车,纽约是一个他理想之中的步行者的城市,它有着方便的、平易近人的大众交通系统,有着惠特曼这样长着粗粝肩膀的建设者和父兄,更重要的是,见识卓越的纽约客是人类文明的当然拯救者,是它最后的希望。

文明征服史的三个瞬间：天空、海洋和大地。

就像"集权"和"极权"并不完全是一回事一样，芒福德认为集中、效率和个人自由本身不是拥堵、盲目追求速度和疏离的原因。他坚持用"机器"（technics）而不是"技术"（technology）来称呼城市设计中由功能主义而衍生出的问题，认为技术是人类进步的一种反映，而"机器"则是与技术联系在一起的某种"意愿、习惯、意念和目标"，和"机器"相系的"工业过程"并不一定是件好事。

芒福德认为，纽约完全可以像其他文明那样，可以"不依赖由'机器'影响下的手段和目标，而达到高度的技术发达"。的确，1930年代造起帝国大厦的"技术"就像一种宗教，芒福德反对这种宗教，反对标准化和大规模的机器（megamachine）驱使人成为效率的奴隶，在这种本末倒置的过程之中，手段变成了目标：

> 20世纪的城市历史也许可以叫做另一种奇怪的医疗故事，这种医疗方法一方面寻求减轻病痛，一方面却孜孜不倦地维持着导致疾病的一切令人痛苦的环境——实际上产生的副作用像疾病本身一样坏。

芒福德对于"机器"的厌弃绝非空穴来风。如果夺去1000万人生命的第一次世界大战尚未使西方知识界吸取足够的教训，那么使得2500万人无辜死亡的第二次世界大战和接踵而来的冷战，终于使得这样的观念深入人心：西方文明正处在生死攸关的转折点上，"科学"的沉舟之中是否能够发出"自由"的新芽，成为"开放社会"的巨大挑战。在这个惨淡的背景下，芒福德未必比同时代的思想者更加悲观，但作为一个自由主义的犹太知识分子，作为纽约城市事务的直接参与者，他却不能不躬身自省。他认为城市规划对这个城市的无情现实要负起全责。

对于芒福德来说，纽约是幻想沉淀下来的地方，见识卓越的纽约

芒福德

在"都市文明"这一领域著述甚丰的刘易斯 · 芒福德（1895—1990）严格说来并不是一位专门学者，高中毕业后，芒福德仅仅在纽约的数所大学研习过一段时间，最终放弃了取得博士学位的想法，甚至也没有获得过任何学位；相反，他最终致力于成为一个通史学家（general historian）。在纽约这个"城市图书馆"里，芒福德受到了百科全书式的教育，这使得他的著作汪洋恣肆，但却并没有形成一套独立的理论体系。

要想在这里全面地介绍芒福德的生平和思想，几乎是项不可能完成的任务。或许，我们应该对芒福德思想之中最易为人误会的关键词多说两句，这两个关键词便是"机器"和"生态"。在芒福德看来，现代社会之中的机器首先是一种结果，而不是手段；在现代城市建设之中，这种作为"意愿、习惯、意念和目标"的机器首先是影响建筑程序和规划目标的经济状况及文化制度，而不是生硬可畏的钢铁玻璃代替木材石料，或是抽象/具象、历史/现代的形式与风格之争。同样，在芒福德的早年，无论是在专门知识还是学术风格上，他都受到了苏格兰博学的生物学家帕特里克 · 格迪斯（Patrick Geddes）著述的极大影响，有的人因此将芒福德的有机都市论混为一种反城市的滥调，但是和格迪斯一样，芒福德深信："所谓的未来，可以说是社会思潮内的必然规律。"自然科学和社会科学的结合，因此带来了所谓生态历史（ecological history）和芝加哥学派的城市生态思想。

芒福德认为，在人类的历史上，技术所扮演的角色并不是由于物质条件和技术水平所单纯决定的，比如，数千年前埃及人建造金字塔的雄心，与20世纪的太空计划可以有着使人惊异的相似之处。传统的有机论者片面反对效率和变革，而芒福德认为，所有技术都不是中立的，如尼尔 · 波茨曼（Neil Postman）所说："在每一件工具里都隐藏了一个意识形态上的偏倚和它的独特价值观和世界观。"芒福德赖以划分所谓"前科技时代"、"旧科技时代"和"新科技时代"的依据，就是在这些时代的技术之中，"人"被置于什么样的地位。在他看来，旧科技时代的标志是穿透了僧侣统治阶层的围墙的时钟，"时钟的有规律的敲击为工人和商人们带来了一种新的有规律的生活，遵守时间逐渐过渡到按时间服务、时间的计算和时间的分配"，从而使得大规模地利用和支配集体的社会资源成为可能；而"新科技时代"则同时存在着两种可能，电报、电话和广播的发明，促成了信息超越，这种加强了的社会联系可能重新成为集权制度和垄断机构控制，就像"前科技时代"的那般；同时，它也可能成为分享知识和建设公共领域的契机。

芒福德并没有目击"数字时代"的来临，同时，他也没有明确地对他晚年兴起的大众文化浪潮和"传播革命"做出积极和准确的评述，然而，芒福德正确地看到了这种"软性"的技术的两面性，以及位于社会底层的个人所拥有的可能选择。在这个意义上，作为一个传统主义者的芒福德和作为一个社会活动家的雷姆 · 库哈斯并没有本质性的区分，尽管前者的生命可能最终归于悲观。

客，比古往今来的任何城市人都更富于文明救赎的使命感；而对于荷兰人库哈斯而言，纽约却在虚无缥缈之处，它是一个奇想随风飘舞的未来世界。当美国总统尼克松神秘地飞往中国的那一年，28 岁的库哈斯获得英国建筑联盟（AA）的一笔奖金来到纽约，和四十年前的柯布一样，一个欧洲人在欧洲革命的巅峰时刻，在旧大陆的街垒之外发现了新的战场，可是这一次，童年时在荷属印度尼西亚有过东方经验，又刚刚亲历过席卷欧洲的"五月风暴"的库哈斯，无疑显得更加老于世故。

对于任何谈论纽约的读者而言，《癫狂的纽约》都是一本不能错过的书，它表面上天真烂漫地大谈历史，其实是一份充满"特意的曲解"和"个人化宣言"的战斗檄文。作为一名建筑师，库哈斯不欣赏悲天悯人的人文主义情怀，库哈斯的名句是"文化无能为力之事，建筑也一筹莫展"。他不曲意逢迎，也不自投罗网。

在纽约他调笑与游走于体制的缝隙之间。

库哈斯认为，纽约并不是魑魅魍魉聚会之所，恰恰相反，它为奄奄一息的当代城市提供了一个祛邪的不二法门。后来，在"寻常城市"（generic city）之中，库哈斯写道："人们可以在任何地方安身立命，他们可以在任何地方都凄凄惨惨，也可以在任何地方欢天喜地，建筑与此无关。"传统的城市看重的是"美、身份、质量和独特性"，可是合乎大多数人们心意的或许恰恰是那些表面上"毫无特征"的都市，正是芒福德嗤之以鼻的以丁字尺和三角板规划的城市，提供了生活的最理想环境——像曼哈顿格栅那样摒弃前见的"系统"或"程序"，恰恰为最灵活而富于生命力的个性提供了可能。

如此说来，反体制的动力反倒是隐伏于体制之中——伍尔沃思大厦被称作"商业的大教堂"，而"国际风格"的摩天楼诨名"资本主义的大教堂"，无论是"商业的大教堂"还是"资本主义的大教堂"，这里确乎闪现出一种宗教性的狂乱情节，善加诱引，它或许真的可以使得垄断或革命从一场狂欢堕入另一场狂欢之中，使得极权和压迫不再可能？

像赖特一样，芒福德强调建筑应该在人——一个大写的"人"——和他们的生存环境之间建立一种有机的、表率性的联系，而库哈斯则无这种救赎的心结，他或心契于约瑟夫·波依斯（Joseph Beuys），以为人人都是艺术家（建筑师）——在纽约和他的出生地鹿特丹之间来往的库哈斯，显然不觉得建筑和城市自有定式，也不认为它们有明确的开始和结束。

不管这种模糊性是否是建筑师迷醉于体制诱惑的更好借口，它确实为今天建筑领域弥漫的享乐主义风气打下了伏笔：它预言着一个缺乏使命感和充满自我矛盾的新时代。芒福德的终点——20世纪60年代末70年代初的后"五月风暴"时代——正是库哈斯的思想成熟期和起航之时，那时候，他已经惊世骇俗地喊出"柏林墙里面的人是最自由的"。从冷峻的柏林墙大步走向迷宫般的曼哈顿，在若干年后，库哈斯出人意料地一脚踏入中国南方，20世纪七八十年代那场他称为"大跃进"的深圳造城运动抑或是"曼哈顿主义"的合乎逻辑的延伸？

从纽约到珠江三角洲，这条路仅仅走了二十年。

纽约使人惊悚的城市发展史见仁见智。讽刺的是，如果这惊悚之中真的有一分原罪，那么声称最热爱这座城市的设计师们自己似乎也应负上一部分责任。

这个鄙夷建筑师的城市却吸引了众多不屈不挠的求爱者……很多设计工作室就在世贸大厦不远处，在从下城金融区到中城金融区，高潮和高潮的过渡之间，在统一广场（Union Square）附近，在地价相对低廉的纽约西区……新旧斑驳的各色建筑夹缝里，密密麻麻地分布着大大小小的建筑师事务所，通常，这些事务所有着毫不起眼的入口，

库哈斯

获得了 2000 年普利兹克奖的荷兰建筑师雷姆·库哈斯（Rem Koolhaas，1944— ）在早年学习的是剧本写作，随之当过一段时间的新闻记者。他在伦敦的 AA 建筑学院（Association School of Architecture）学习的那会儿，正值源于巴黎的"五月风暴"席卷欧洲之时。1972 年，库哈斯来到美国学习，并在纽约建立了他自己的大都会建筑工作室（Office for Metropolitan Architecture, 即 OMA），和其他一些著名的先锋建筑师如扎哈·哈迪德有过短暂的合作。

使库哈斯一举成名的，是他在美国写下的《癫狂的纽约》（*Delirious New York*），讨论 19 世纪末以来的纽约早期都会历史。这本书中可以辨别的第一个特色，就是它远不是一通就事论事的历史论述，而更近于充满"特意的曲解"的个人宣言。和现代主义者精审、理性的"居住的机器"不同，他宣称："城市是人们无处逃避的使人耽溺的机器"，毫不讳言建筑和城市设计之中的混乱和矛盾；相反，他认为面对紊乱，粗野的物质性的坦诚，有助于在全球化的商业浪潮之中，寻求建筑师新的位置，用一种不那么虚伪的方式延续人文主义的理想。

进而，库哈斯将一种渗透了个人反抗热情的"程序"上升到救世主的高度，"程序"不再是 20 世纪初恐惧工业化大规模生产的人们所面对的冷冰冰的异化的体制；相反，它是一场每个人都参与其间的狂欢，充满了偶然性和个人干预的可能；他称赞摩天楼是一个伟大的发明，形式并不必定追随功能，相反形式倒过来决定和再造了功能，创造出了前所未见的革命性的生活方式，例如打破了静态空间观念的电梯和垂直方向的室内体育馆。

不遵循古典建筑定式（构图、尺度、比例、细节等等）的曼哈顿因此成为一种新的建筑理念的渊薮。1995 年，他和加拿大图形设计师布鲁斯·毛合作（Bruce Mau）的《小、中、大、超大》（*S, M, L, XL*）中一系列实现或未实现的项目，可以被看作是所谓"曼哈顿主义"的身体力行，在这本书中，他声称进步、身份、建筑、城市都已烟消云散："解脱了……一切都已完结。这就是城市的往事，城市不再，我们可以散场了。"

与灰溜溜的入场式比起来，它们吞噬脑力和体力的巨大内部使人感到惊骇——建筑师们声称那里是创造力的渊薮："程序"和"形象"这对不相像的双生子的共同子宫。

清苦建筑师的收入和公车司机看齐。有人开玩笑说，凌晨六点，上早班的你，如果碰巧看到一个头发乱蓬蓬、戴着菲利普·约翰逊式样的（厚）黑框眼镜，面色憔悴好像是没洗脸，不修边幅却穿着一双别致的彩色皮鞋的年轻人，正跌跌撞撞地穿过统一广场，他一定是一名加完夜班刚回家的建筑师了。

——不要以为，你可以在纽约看到一幢气派的大厦以一个事务所的名字命名，哪怕是声名显赫的企业化设计公司，也只能在相对不显眼的地址屈就几层楼的空间。即便如此，在曼哈顿能插上一脚还是要插上一脚，这是把占领纽约——一种象征性的拥有——当作占据世界时尚中心的设计师们的共识。虽然很难把建筑师和政治家相提并论，但是对自我"表现"的天然热望，建筑师却并不比政治家更逊一筹。毕竟，像赖特那样敢于公开宣称"别了，纽约"的大牛还是少数，谁不愿意顺应潮流，在浪尖上露上一脸或半脸呢？

像经济学家常说的那样，虽然都号称忠于事实，人们对于事实的看法大相径庭：有些人热衷于实事求是，有些人则喜欢实至名归，换而言之，一种人是企图忠实地描述这世界（positive statement），而另一种则总想着他的愿望中的世界该是什么样子（normative statement）。

今天的建筑学或多或少模糊了这两者之间的界限：在现实世界之中，建筑师不能不脚踏实地，他们职业天生所具备的工具性，使得他们喜爱以专家自居；但现代社会同时又催生了"设计全上"这样一个创造力的神话，比艺术家只稍稍逊色那么一点。喜欢"建造"的设计师往往不能解释，为何他们需要一刻不停地"创新"——特别是大多数创新虽则提高了局部的"效率"，却往往和总体的"效用"相悖离。

现实总是复杂的，在芒福德的眼里，"金字塔"一直是"为极权社会而建筑"的象征，但是无论是新近的历史发现，还是他身后的文化走势都证明了，金字塔并不一定是被强迫建造的。[4]

金融帝国真正的建筑师并没有学过任何结构力学，他们是在枯燥的数字指标里一砖一瓦地堆砌着资本主义的大教堂，而建筑师的工作性质注定和这一目标有所龃龉。托马斯·科尔（Thomas Cole）画过一幅著名的《建筑师之梦》，在那幅画里，为城市勾画美丽蓝图的人是躺在巨大古典柱头的最上端痴想它的明天的，他的身后是代表古往今来的文明成就的各种建筑形式。勒·柯布西耶所宣称的革命让这个梦想几乎成真："程序"使得建筑师从工匠跃升为思想家，从形式机制的服从者，到有了些微触动体制的可能；但是在启动这个"程序"的时候，他们也同时面临着两种新的困境，要么失掉本分继续无望地抵抗，要么，就赤裸裸地面对那"赤裸裸的物质主义"的诱惑。

在这个过程中的迷失也可以解释为沉醉。

在纽约，数以亿万的金钱流转，代替了往昔那庄严的、一丝不苟的视觉，现在，没有多少人可以真正看到这些金钱（过去它们是哈亚·索非亚金光熠熠的穹顶）了，也没有人可以穷尽时报广场上那瞬息万变的、五光十色的期货信息。但也就是在这种可见与不可见交结之处，人们知道一种新的建筑学早已来临，在一个抽象的数量之上，它早已不完全囿于人的感官，但却需要最终塞回人那有限的知觉，那仿佛也就是20世纪六七十年代那一代"革命"的年轻人以吸食大麻为乐的境况。

只不过，在人类的历史上，"五月风暴"终究是短暂的。纽约却是一个永远的风暴眼。

[4]
哈佛大学的埃及学家马克·莱纳（Mark Lehner）的一项研究认为，是"志愿者"而不是传统人们所认为的奴隶修建了吉萨金字塔。

"就像阿尔卑斯的绝壁，那上面时时抛下雪崩，抛向匍匐于脚底的村落和村落的制高点。"

3

浴 火

纽约真正的好处是，它的子民死后立马儿就会上天堂，（因为）他们在曼
哈顿岛上的炼狱里已经活受了一辈子。

——巴纳德学院手册

摩天楼

1904 年，栖身在曼哈顿下城的美国作家亨利·詹姆斯已经见识了
新世纪里喷薄而出的超级都市的威力，怀着一种既喜且惧的心情，他
写道：

繁复的摩天楼在观瞻中从水面拔地而起，像是已然密织的衬垫上夸张的针
脚……新的地标无情地将旧的地标粉碎，就像暴戾的儿童践踏蜗牛和蠕虫……
别样的摩天楼北向危悬于可怜的旧三一教堂之上，它南面的身姿是如此高拔和
宽阔，就像阿尔卑斯的绝壁，那上面时时抛下雪崩，抛向匍匐于脚底的村落和
村落的制高点。

城市建设是一种集体实践，这种实践从测绘师的几何抽象开始，

最终才归结为一种个人经验。在所谓"空间规划"出现之前，平面总是属于理智的，与人们的感性无关，建筑符号则为普通人在空间之中勾勒出特别的生活经验，再把这种经验还之于理性，使之积淀为大写历史中棱角分明、却多少简化了复杂事实的"时代风格"，文化想象中"时代风格"的延续，构成了一整部建筑史。

这一次的情形却和以往不同，曼哈顿新实践的结果并未归结于任何一种固定的"风格"，或恒久的"类型"，它惊人的尺度超越了视觉感官，使得建筑不仅仅是意义的符号，同时也成了组织的景观，就像奥利弗·宗斯（Olivier Zunz）总结的那样，摩天楼并不是资本管理的象征，它即是管理自身。

摩天楼在芝加哥被发明，却在纽约开花结果。容身于斜向的百老汇大街和方正格栅切割成的三角形街区，308英尺的"熨斗大楼"（Flatiron Building）在1902年已经吸引了芸芸众生的眼球；仅仅七年之后，大都会人寿保险大厦以700英尺的骇人高度将这个数字提高了一倍多；1913年伍尔沃思大楼（Woolworth Building）拔向792英尺，它的世界最高纪录保持了十七年，直至有着优雅尖顶的克莱斯勒大厦建成。那以后没过几个月，1931年5月，通用电气的副总裁约翰·雅各布·拉斯科布（John Jacob Raskob）手指中把玩着一支扁铅笔，像是开玩笑般问他的建筑师："比尔，保证楼不倒的话，你到底能建多高？"结果，这个刻意设定的纪录一直保持到1973年——在拉斯科布和他的御用建筑师谈话之后，不到两年的时间里，高达1250英尺的帝国大厦建成了！[1]

摩天楼的原理看似简单，它在纽约和芝加哥的真正起源却是一个谜。最早的摩天楼创意可能基于两个完全不同的动因：

——无限地延展多层建筑的层数和高度；

[1]
中国大陆规定100米以上的属于超高层建筑；在多地震的日本，超过60米就已算是超高层建筑；在美国，则普遍认为152米（500英尺）以上的建筑为摩天大楼。

纽约：摩天大楼史

塔厦

(The Tower Building, 1889, Bradford Lee Gilbert)

尽管只有11层，它却是曼哈顿第一幢真正意义的摩天大楼，支持它的结构是钢框架而不是承重墙，即使在纽约，这一新事物也称得上惊世骇俗。施工的时候适逢大风，远远的看热闹的人们幸灾乐祸地等着看这庞然大物轰然倒塌，这时候建筑师本人爬上了建筑的顶部，用这一行为向人们宣谕了他对于摩天楼前景的信心。

熨斗大厦

(1901, Daniel Burnham)

即使在它建成的当时，21层的熨斗大楼也算不上是纽约最高的建筑物，但是这幢占据了一个别致的三角形街区的大厦；却是纽约第一幢"艺术化"的摩天楼。摄影家斯蒂格里茨形容它像一艘大洋上的鬼船，正在富于动态的百老汇大街上行驶。虽然俗称"熨斗"大楼，这幢大厦的官方名称其实是富勒大厦 (Fuller Building)。

伍尔沃思大楼

(1913, Cass Gilbert)

54层的伍尔沃思大楼原规划高度只有625英尺，很显然，后来的加码是要和大都会人寿保险大厦较着劲儿。这幢瘦削、高拔并且逐渐退缩的哥特复兴式大厦被恰如其分地称为"资本主义的大教堂"，它是纽约摩天大楼发展的第一阶段的标志物。

帝国大厦

(Empire State Building, 1931, Shreve, Lamb & Harmon)

直到今天，102层1250英尺的帝国大厦还占据着纽约天际线中最显著的位置。它的层层退缩的优雅外观，受到了1916年纽约通过的规划法案的影响，但近看起来，这个投机项目的细部其实并不十分可观。在它顶端的艺术装饰式样的尖塔，据说原本是为了当年兴盛一时的飞艇所设计，就好像港口等待巨轮的船坞，它多少反映了摩天楼的思想家们对于"天空时代"的憧憬。可是，1937年，飞过曼哈顿上空的"兴登堡号"在新泽西的灾难，却使得一切梦幻成为泡影。最终，尖塔成了接收不可见的无线电波的渊薮。

联合国秘书处大厦

(United Nations Secretariat, 1950, Le Corbusier, Wallace Harrison, 和在内的国际建筑师委员会)

早于1952年的 Lever House (SOM)，东河之滨的飞地上拔起的联合国秘书处大楼，是世界上第一幢使用玻璃幕墙的摩天大楼。值得一提的是，梁思成代表中国参加了国际建筑师委员会的讨论，这可能是这位同时是历史学家的建筑师一生中参与的唯一一幢摩天楼的设计。

西格拉姆大厦

(Seagram Building，1958，Ludwig Mies van der Rohe 和 Philip Johnson)

西格拉姆大厦不仅仅以技术精美的"高级现代主义"著称，它还开创了一种普遍的开发模式。
1961 年，SOM 为洛克菲勒家族设计的大通曼哈顿银行（Chase Manhattan Bank），在下
城密集的金融区里，开辟了一片罕见的两英亩半的广场。这种肇始于西格拉姆大厦的"广场巨
厦"模式，或许启发了纽约市同年的规划法规，导致了以后半世纪的私属公共空间的实践。

世界贸易中心

(World Trade Center，1973—1976，Minoru Yamasaki Minoru Yamasaki &
Associates 和 Emery Roth & Sons)

尽管世贸大厦在 20 世纪末纽约的偶像地位，人们对于这幢大厦设计的评价却是褒贬不一。
山崎实本人可能认为，他成功地解决了这幢超级摩天大楼和城市文脉的问题，但是一些评论
家却坚持认为，这两座巨塔和四座附属建筑，构成了一个孤芳自赏的中央广场，把"功能"
（地面上的餐馆、商店、休息处和交通）集中隐藏的"超级街区"，使得城市地面上生命的迹
象一扫而空。

AT&T 大厦

(AT&T Building, 1984，Philip Johnson/John Burgee)

像是这位变化多端的建筑强人的"晚年变法"，AT&T 大厦的美学趋向多少有些含混不清，
麦迪逊大街上，那座大厦尖端被批评家们比作奇彭代尔式样（Chippendale）时钟的"断
山花"（broken pediment），在约翰逊心中到底是种精英式的调侃，还是亲近众生的幽默，
现在恐怕已经无人得知。在使人温暖的细节上，曾经是一个现代主义者的约翰逊向战前那些
装饰繁缛的摩天楼致敬，但同时，那个阶段的老大师却也曾为他公然的反城市趋向为人所诟
病，并且因此输掉了 42 街改造的项目。

世界金融中心

(World Financial Center，1985—1988，Cesar Pelli 和 Adamson Associates)

在建筑师的眼中，这组从 33 到 51 层不等的四座建筑物，是俾睨众生的世界贸易中心双塔的
"次峰"（foothill）。距离世贸设计将近二十年之后，世界金融中心比起前者来有了两个明显
的变化：其一，从哈德逊河上望去，它展示了更加丰富多变的外观，包括使用不同材质的里
面和富于雕塑感的轮廓线；其二，通过包括"冬园"在内的一系列室内走道和共享中庭，这
组庞然大物多少对周边的行人空间做出了善意的交代。

比克曼大厦

(Beakman Tower，2011)

弗兰克·盖里设计的比克曼大厦代表着纽约摩天大楼的最新进展。尽管看上去极尽妖娆，这
幢大厦的内结构依然是理性和传统的，经过优化组合的金属蒙皮模块也不像人们想象的那样
昂贵。

——在三维里寻找更多的地面面积。

伊拉斯塔斯·索尔兹伯里（Erastus Salisbury）是位早年曾经在纽约学习的历史画家，他画里高耸而古怪的幻想城堡造成的奇观，依然有着中世纪哥特建筑的影子，而"定理"（Theorem）或后来的 SITE 所提出的正经得有几分黑色幽默的方案，则将地皮无限制地向上叠加，"架子床"似的钢铁巨构上的每一层，一幢一幢的独栋洋房和传统的低层住宅并无任何区别，近似于多此一举的巨大框架，似乎只是为维持传统城市的田园诗意解决一个技术性的问题。

摩天楼本身谈不上什么"设计"，某种意义上它只是数字的游戏，为了两个同样单纯的目标：使人惊悚的建筑高度和使开发商眉开眼笑的建筑面积，而尤以后者为甚。正如卡斯·吉尔伯特（Cass Gilbert）所说的那样，摩天楼是"一座使地生钱的机器"。由于昂贵的地价，设计需要在有限的占地面积之中得到最大的利润回报，追求容积率——这大概是中国的百姓们无需解释就可以明白的道理；其次，因为摩天楼的每一层几乎都是相同的，在准备设计图纸、建筑材料和组织施工方面都少了许多麻烦，理论上来说，建得越高，整个建筑的单位成本也越低。

几项简单的技术发明使得"垂直城市"的发展成为可能：框架结构和加强混凝土，使得建筑可以达到石材不能承受的高度，电梯便利了各层之间的联络，地下车库使得理论上的通达性问题得以解决。首先想到提高这些技术的，并不全然是美国工程师，法国人奥古斯特·佩雷（Auguste Perret）在巴黎富兰克林大街设计的公寓楼便率先使用了加强混凝土。不用说，善用预制钢铁框架的埃菲尔钦塔或是"水晶宫"，甚至屹立在哈德逊湾的自由女神像，都是欧洲人的杰作。然而，是美国企业家的魄力和美国市场的容量，使得这些技术的使用和调配趋于极致，想到市政工程之中的钢铁组件可以用来建造芝加哥的摩天

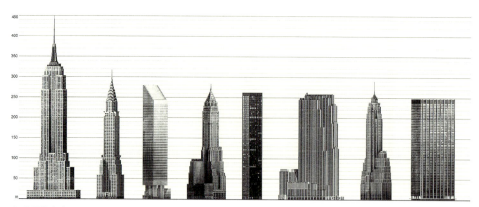

新世界的高度。

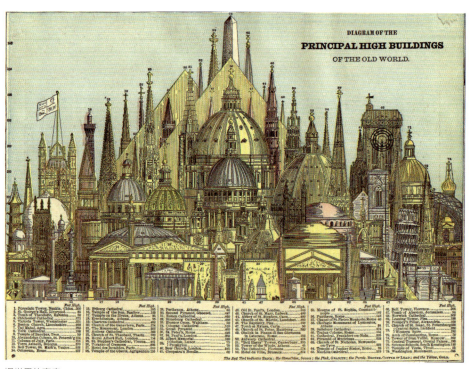

旧世界的高度。

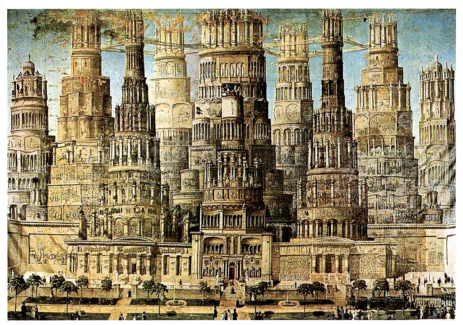

都是规则单元在高度上的不断重复，索尔兹伯里的幻想画和后来 SITE 这样的建筑奇想
（下）却代表着两种不同的"摩天"思路。

楼的人，正是东岸那些事业成功的路桥供应商，这些"行外人"敏锐地观察到美国中西部的地产热潮，那里可观的商业利润，亟需一种批量化和有效率的因应之道。

又一次的，我们在这里看到了福特式的企业精神：大规模生产和标准化生产。

这种经济的头脑有着惊人的力量，在19世纪的美国，它凌驾于因因相陈的风格考量之上。据说，芝加哥的早期摩天楼更欣赏"结构的坦率性"，那里的投资环境更为宽松和自由，而保守的纽约则看重高度和样式。但是，诱人的商机很快使得这种对比完全逆转，19世纪的最后十年，芝加哥还是美国的高度之都，到了1920年，尽管纽约的人口只是芝加哥的两倍稍多，但它却拥有差不多有十倍于芝加哥的高楼。

19世纪80年代兴旺于芝加哥的摩天大楼热，肇始于那里爆炒的地产，1893年，这股热潮趋于衰退，为了抑止投机，芝加哥市政委员会决定将高楼的高度限止于130米。

——设想一下这令人眼花缭乱的一连串变化：土地规划在前，格栅城市的网格只关心私人产权在二维上的界限，却从未曾考虑还会有天空这块未曾开发的疆域需要管理；然而，殖民时代美国之父们的考虑欠周，为后来人的想象留下了余地，接踵而来的是另一种直抒胸臆：摩天楼的建造者只管建起高楼，并不考虑楼居带来的种种问题，也不在意垂直方向上延展的城市会给平面上的市政设施带来多么可怕的压力。

要知道，那是个汽车刚刚开始替代马车的时代，想象力还远远没有跟上经济发展的步伐；再说，在19世纪末的政治架构里，公共权利的声音还很微弱，法律上并没有多少依据可以用来干涉私产地界内的垂直建造——谁让你在我头顶上的天空里没有一块界桩呢！

1889 年，纽约市开始允许建造金属骨架的建筑，和芝加哥不同，它甚至没有规定高层建筑的高度限制，刚刚找到自己第一片市场的电梯公司因此发了大财。几乎在摩天楼出现的同时，爱迪生于 1893 年发明了电灯照明，但是电灯照明依然昂贵，加上当时还没有良好的人工通风和空调系统，在夏日，白炽灯照明的高楼屋内如同火炉。不要说那些在充作工厂的摩天楼里从事轻体力劳动的工人们将挥汗如雨，就是伏案从事的书记员们也会受不了了。

于是，对甚少依赖自然条件的巨型建筑的想象，激励了工程师孜孜不倦地探索动力与空调系统。1940 年代，冷光光源（日光灯等）成为经济合用的人照光源，标志着阻碍大型建筑物发展的主要技术问题最终圆满解决，刚刚才成功征服了"高度"，一个有着人造"气候"与"日夜"的室内世界已在望中。

毫无疑问，这种鼓励技术革新的"意愿"并不都基于中性的"功能"，不同建筑样式的"功能"取决于诸多经济、政治，甚至是文化因素的合力——有时很难说清楚，是先有鸡还是先有蛋。"人有多大胆，地有多大产"，这句话用来形容摩天楼的历史恰如其分。只因适当的意愿，技术革新才会逐次发生。在摩天楼的发展初期，它确实受到简单技术原因的牵掣，甚至几个强有力建筑师的个人趣味，也会影响到一座城市的建筑风格走向，但是时间很快证明，这一切在巨型都会疯狂扩张的大势面前都将不再是问题。

即使对于那些室内照明主要依赖日光的 19 世纪的摩天楼，[2] 也有简单的办法使得技术"进步"不再是建筑发展的单纯考量。在那个资本原始积累的年代，"人"的舒适并不一定是首先考虑的问题——显然，只要建筑的单层面积不太大，甚至 20—28 英尺（约 6—8.5 米）之内的建筑深度也可以勉强满足"功能"的最低需求。对于纽约而言，它狭长的街区尺寸碰巧符合这种要求，而芝加哥的街区方正宽大，那里

[2]
夏日自然光线的强度可以达到 1000 烛光（foot candles），多云天气也有 200 到 500 烛光，室内却可能只有 50—100 烛光。对于当时阴暗深邃的摩天楼而言，一个房间的照明条件则远远低于此数（10 烛光）。纽约市起初推行 8—9 烛光的市内照明标准，后来，这个标准随着电灯公司的努力上升到 12 至 25 烛光。

的人们只好将摩天楼修成中空内有天井的方式。

两种样式的摩天楼以不同的思路解决了"功能"的需要，可是芝加哥摩天楼内的工头们，真的比在意他们的容积率更在意工人们的眼睛吗？真正的秘密在于，在肺结核依然是不治之症的 20 世纪初，自然光和健康密不可分，沾染着一层道德的色彩，这依然是大都会天际线不可逾越的文化制高点——在空调系统发明之前，纽约城市的小业主们坚守着"喘气的权利"（airy right），它导致了 1916 年，规定所有高层建筑都要在一定高度上逐渐"退缩"的区划法令，以便人们可以分享大都会里越来越不易见到的日光。

这些零星的反对声音，并没有让 20 世纪上半叶摩天楼的建筑师感到分外困扰，如果技术代表"程序"，那么文化则抚慰"形象"，它们如今正在紧锣密鼓地寻求一份妥协的合约。

最终，他们将摩天楼定位为一种高度有效率、高度"进步"的大都会建筑样式——1931 年在公园大道和莱克星顿大道、49 街和 50 街之间落成，占据了 200 乘 600 英尺整个街区的华尔道夫－艾斯托里亚旅馆摩天楼，据说包罗了一座 50 000 人城市的功能，在此处，建筑的进深已经不是问题，通风和照明也不是问题，它的通过复杂机械和工程设备精心摆布好的室内向每一个来访者呈现出的不是枯燥的理性，而是餍足想象的无所不能的"功能"。

喘气的权利

最初北美城市规划的管制严格地遵守私人产权的边界，对于那些只是有碍观瞻而没有越界的举措，人们并没有太多的法律基础去干涉。1916 年纽约通过的法令，却使人们反思城市密集开发之中"喘气的权利"，最终，对"喘气的权利"的计较成为纽约地产开发之中的常例。并且找到了拉丁法统之中的依据（"拥有土地的人，即拥有它所环绕的土地和头顶的天空"）。对于照明和通风的公共需求的平衡，使得"婚礼蛋糕"式样的退缩设计一度成为时髦。即便空调技术日渐成熟以后，"喘气的权利"也依然是一个时有争议的话题，例如，在中城大火车站上空升起的大都会保险大厦（Met Life），因为堵塞了中城的心理空间和景观进深，至今仍是人们诟病的对象。

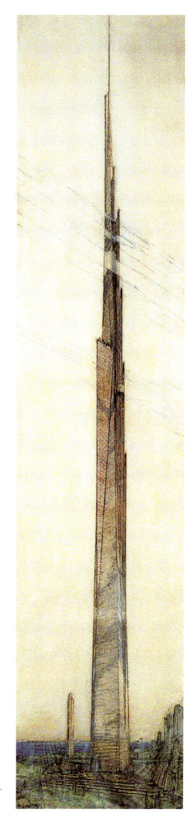

赖特：一英里大厦
赖特对摩天楼的两种反击：否认它（"古根海姆美术馆只有一
层。"）和捧杀它（"让我们造一座一英里的大厦罢！"）

（现代主义之后的建筑师会反驳说，其实这种貌似"进步"的"功能性"就对人居舒适程度的压榨、对保护环境而言都是一种严重的倒退。）

就如同勒·柯布西耶对于超级城市的反应一样，醉心于"高等文化"的美国前驱建筑师张开双臂拥抱这新世纪的发明，只不过他们接受的方式更加审慎而实用主义。被一些人美誉为"摩天楼之父"的路易斯·苏立文，并不是一名最好的工程师，但他成功地从"主流设计"的角度为"商业的大教堂"正名：虽然依旧沉醉于巨大檐角的花饰，苏立文定义中的摩天楼新三段式"基座、墙身、楣饰"（base, shaft, and pediment）并不是重申希腊柱式和人体比例的对应关系，而是"形式追随功能"，指向一种抽象的理性。例如，摩天楼的窗户要尽可能地大，易于开合，中央固定，两侧可以推拉，这样做的目的不仅仅是为了美观，还为了易于划分室内，使得建筑内墙的间距和立面划分一致——在早期摩天楼之中，室内空间在平面上组织的逻辑，甚至在立面上也是清晰可见的。

"形象"和"程序"偶然合而为一：这就是有名的"芝加哥窗"。

在曼哈顿的世纪初兴起时，两件东西给了人们支持摩天楼最好的理由，其一是飞机对于天空的征服——这种征服与其说是技术上的，不如说是文化上的，它为"高度"提供了美学的借口；其二，是19世纪以来结构工程技术的无所不能，这其中，纽约客尤以13年内完工的布鲁克林大桥的桥梁技术为自豪，当天空中的"高度"在向人们招手的时候，从地面上拔起的钢铁巨构给了它和美学传统中的"崇高"相遇的机会。

1930年代时尚杂志所一再描绘的"明日城市"的幻想图景，把这两个理由合而为一了——摩天楼成了布鲁克林桥的桥塔，一个空中港口，而在这一千英尺以上的"威尼斯"的泊位上，飞艇和飞机带来了延展向高空的最后自由……在他们的设想中，勒·柯布西耶和雷蒙德·胡德（Raymond Hood）都提到了飞行器对于城市经验的颠覆性影响，在所向披靡的技术神话面前，即便柯布"光辉城市"之中的"自由平面"也相形失色。柯布的理论，不过只是给了久已失落的公共空间另外一种地面上的可能，它们像是代表民主性理想的圣马可广场和巨大容量的哥特式城堡的重新组装，但是"天空之城"完全是一种古典经验之外的东西。

赖特，依然只有赖特，现代主义运动之前唯一一位产生无可置疑的国际影响的美国建筑师，敢于在摩天楼如日中天的时代就做出了与众不同的回应。在生命中的最后三十年，赖特审慎地观察着纽约这个他并不熟悉的城市，在"广亩城市"之后，他出人意料地提出了"一英里大厦"的设想，将其作为"广亩城市"的中心。在"一英里大厦"之中，一根巨大的高入云霄的三棱立柱挑出悬挂在上面的层层楼板和住宅单元，阳台和女墙（parapets）崚嶒的表面依然是赖特水平空间里四处伸展的特征。要上到这座高度差不多是帝国大厦四倍（5280英尺）的大楼，需要一部一次可以运载100人的原子能驱动电梯（显然，停靠的效率是赖特最后才会考虑的事情）。

"一英里大厦"不知是这位大师暮年的回心转意，还是一种对于现代都市或多或少的揶揄——恐怕更多地是后者——对于摩天楼为现代建筑带来的困境，赖特最后一个清楚的解决方案，出现在位于上城第五大道的古根海姆美术馆。按照纽约市的营造标准，这座螺旋形的博物馆建筑约等于常规建筑的五层，可是赖特坚持说，既然这座建筑内部的坡道徐徐而上，梯道和楼层之间并无明显的区分，何妨说它只有"一层"。保守的赖特在晚年无疑意识到了现代建筑的压倒性胜利——讽刺的是，他自己也是现代主义运动之中推波助澜的一员——

他现在有限度地承认它的成功，但他依然否认那个看不见的"程序"对于人的控制。

为这座博物馆装置电梯是颇费思量的，因为在这拒绝明确"楼层"标志的高层建筑里，赖特要人们有漫游于空间之中的自由。

对那不太容易陈列竖直画框的倾斜的博物馆坡道，一般人虽然津津乐道，却难以体会赖特其中的高深用意。即使是在垂直空间之中，赖特依然坚持一种"有机"的空间流动与"生长"，"一英里大厦"之中，能源系统从地表通过中空的立柱，通过每层水平的出挑楼板，一直传递到宛如神经末梢中的每个居住单元里去。对应着夸张的高度和集中上下运输的，是单层窄小的平面，这种为人诟病的安排虽然极不方便，却使得人们有着更多的机会彼此联系，一个孤独的旅行者步入"一英里大厦"，就像是攀登珠穆朗玛峰的人踏入一条"天路"，在锲而不舍地征服新的高度的时候，他也将不断地遇到从那个高度上下来的同行者。

高度与"联通"——早期的摩天楼设计者一直面临并试图解决这两个问题：高度不断与容量和效率搏斗，犹如城市设计师面对堵塞和速度，而"联通"却致力于通过高楼之间的水平联系，以期驱除都会陌生人之间的疏离感。克莱斯勒大厦那样的建筑将人们的注意力吸引到它高高的镀着铬镍钢的尖端，锻造出闪亮的新的崇高感，这返回哥特式大教堂的趋向也为《大都会》那样的幻想提供了素材；而建筑师应对"联通"的挑战则是水平方向上的，在更多摩天楼的阴影里，洛克菲勒中心骄傲地宣称，它是"民主的美国对于法西斯和共产主义的纪念建筑的回应"。

纵然，在纽约没有任何人可以不受公共街道的阻隔而占有大片城市区域，通过平面和立面之间的呼应，洛克菲勒中心仍将家族拥有的几个街区拉拢在一起。它有19座建筑，65 000人，以及常年的

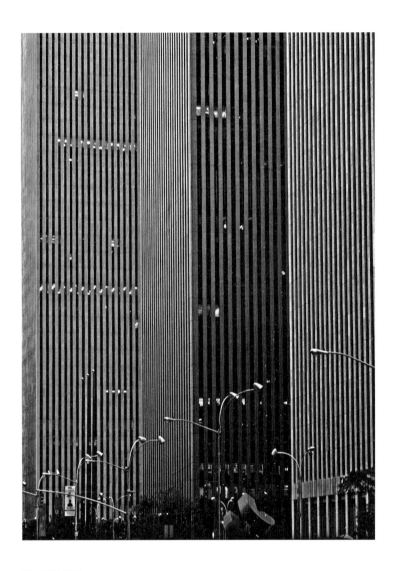

洛克菲勒家族

始于约翰·洛克菲勒（John D. Rockefeller，1839—1937）和威廉·洛克菲勒（William Rockefeller，1841—1922）的洛克菲勒家族19世纪末依靠开采石油致富。自从他们定居于纽约，洛克菲勒家族同时扮演了恩主和公共精神召唤人的角色，他们在纽约的大型建筑项目往往试图和周边环境形成对话，它们对这个城市的公共生活有着重要的影响，并留下了无处不在的痕迹。这其中有国际交流和合作相关的纽约国际住宅（The International House of New York，1924）、闻名遐迩的纽约现代艺术博物馆（The Museum of Modern Art，1929）、河滨教堂（The Riverside Church，1930）、对美国的亚洲政策有着重要影响的私人机构亚洲学会（The Asia Society，1956），和邻近华尔街银行区的第一大通曼哈顿银行广场（One Chase Manhattan Plaza，1961）、旨在振兴纽约文化生活的林肯中心（The Lincoln Center，1962），以及里程碑式的世界贸易中心双塔（The World Trade Center Twin Towers，1973）和近年的美洲学会（The Council of the Americas Society，1985）。

175 000 名访问者。无线电音乐城是美国当时最大的室内剧场。

第二次世界大战后，纽约的高层建筑发展继续致力于这两个方向，政治气候的变化改变了摩天楼发展早期的投机商人，使得他们开始显现为城市公共精神的恩主。1961 年的规划法规规定，如果新建筑的开发商们可以提供更多的室内室外公共空间，他们将可以得到更多的土地面积作为回报——某种意义上，这是对于柯布早年恩惠行人的"超级街区"一个积极的回应。1958 年，密斯的西格拉姆大厦让出了整整一块小广场给纽约行人，比建筑自身占地面积还大，1977 年完工的花旗银行大厦则提供了一个斜插过建筑一角的公共通道，同时为一幢原来基址上的教堂提供了一个永久性的避难所。

这种建立在商业互惠和投资者单边意愿上的开放，当然是无比脆弱的，因为有条件的利益出让原和摩天楼的投机本性相悖，最终，固然赖特梦想中的空中"联通"不再可能，就连地上的"联通"也是有限的。大多数新的建筑由于安全和气候的原因，将它们声称"领养"的公共空间转移向有门卫的室内。在玻璃门后面那一双双警惕的眼睛，使得摩天楼们只是张开手臂虚伪地向城市开放。这使得类似水平联络"垫式"建筑（mat building）所构成的都市肌理，在格栅城市的纽约变得极不可能，横亘在中城公园大道尽头的大都会人寿保险新楼（泛美航空大楼）那样的巨构，更是让视线的前瞻也有失落的危险。

就这样，网格城市的革命性平面，在曼哈顿的山谷里变成了迷宫般的沟壑，柯布所臆想的明日世界——"光辉城市"——陷落在一片孤寂之中。

不管怎样，这种二维上无情的分割加上第三维上的疯长也自有不容忽略的乐趣，那就是它所滋生的一种新的生活经验。因为某些时候，孤寂恰恰是都市文明多样性的来源（或是正好反过来后者导致了

后退一步的西格拉姆大厦为公园大道上的行人让出一块慷慨的空白。

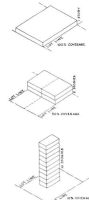

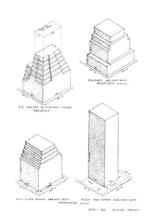

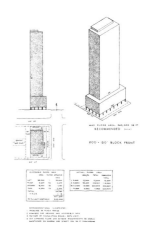

对容积率（Floor Area Ratio）的图示，Harrison，Ballard & Allen，1950。1.5 的容积率对于威尼斯和巴黎中心区都不算罕见，但是，只有在纽约，容积率所包含的经济意义才毕露无遗。

高层建筑建设量、造型、高度和受惠的城市地面的关系。

西格拉姆大厦引发了关于私属公共空间的规划实验，对那些愿意将自己开发产业的一部分转化为准公共空间的业主，1961 年的分区规划决议将给予他们额外面积和特殊优惠的奖励。这种灰色地带的空间形式主要包括"背心口袋"式的街边广场和穿越性的人行廊道，前者在渐少生气的快道旁收拢涣散的人流，后者模糊或渗透进了私人利益坚不可摧的边界。AIA 纽约分部，1959。

私属公共空间

私人开发具有公共开发所不具备的效率和积极性，同时，由于它的本性所致，私人开发又往往罔顾公共利益，对城市发展有着潜在的破坏作用。为了调和这两者间的矛盾，在纽约有所谓私属公共空间（Privately own public spaces）的说法，它的兴起源于 1961 年的分区规划决议（Zoning Resolution），在那项决议之中，纽约市决定给予那些愿意将自己开发产业的一部分转化为准公共空间的业主以额外面积和特殊优惠的奖励，据称，在这项决议通过的若干年后，已经在私人地产密集的纽约产生了 350 万平方英尺的公共空间。

在近年来的项目之中，纽约城市规划局和市政艺术学会（Municipal Art Society）与哈佛大学的教授杰洛德·凯顿（Jerold S. Kayden）合作进行了一项纽约私属公共空间的研究。他们描述和分析了纽约 320 所建筑所提供的 503 处私属公共空间。研究结果表明，即便有普遍的奖励制度，这种私人转属公共的空间往往集中于像中城和下城这样的商业中心，另外中城东区和上城东区这些居住区也有可观的私属公共空间。

在私属公共空间发展的初期，它仅限于街边广场和人行廊道（arcades），但是近年来，鉴于产权、使用权和设计的不同组合，这种公共空间则发展出了更复杂的形式。由于缺乏宣传，少有市民意识到这部分公共空间的存在，大部分私属公共空间的设计和使用状况也不够满意，在整个纽约大约只有 16% 的私属公共空间时常有人光顾，21% 的私属公共空间过路行人的休憩偶尔一见，18% 只和抄近路和交通相关，剩下的可用性则微乎其微。

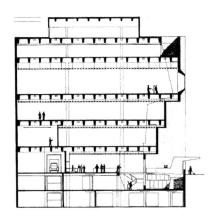

惠特尼美国艺术博物馆。向后退缩的博物馆让出了城市的地面。

前者？）。如果地面使传统主义者安顿，这种高空的沉默则取悦了一些硬心肠的红尘过客，在演员罗琳·布兰考（Lorraine Bracco）的眼中，四十层以上的纽约看上去便那么"安逸和恬静"，被密丝合缝的玻璃幕墙屏蔽之后，"下面"隆隆车马的都会风景都化作了默片时代的无声画面，它们不再带着闹哄哄的热气，恼人地在她的鼻子前面晃动了……它可以搭配上任何一支乐曲，无需任何台词。

她无疑喜欢这种安静。

在曼哈顿，每一座摩天楼都是城中之城，而每一套公寓或是办公室都是些塔中之塔，与"天空之城"的愿景大相径庭，也和赖特"联通"的意愿相反，永远没有人知道在那深不可测的反射玻璃幕墙后面会发生些什么，也没有人想去穷尽这些秘密。

大多数建筑师不会去为这种困局的根源徒费脑筋，他们的任务只是为立面、功能，以及包揽用户和工程需要的"建筑程序"提供最妥帖的黏合剂。讽刺的是，尽管每座摩天楼的工程量都蔚为可观，相对那些功能变化多端、既作歌剧院又作健身房的早期摩天楼而言，跃向"巅峰"的 20 世纪二三十年代之后，纽约却出现了一大批只是对基地布局高度重复、没花心思"设计"的高楼，计算机辅助设计的出现，让那些原本以一笔笔描出所有楼层为生的绘图员也丢掉了饭碗。

显然，在不变化的立面后面追求变化并不是摩天楼的要旨，甚至令人叹为观止的高度也并不是摩天楼的急务——枯燥的容积率和各色各样提高商业价值的"指标"才是；然而，这虚幻的"形象"和实在的"程序"自有一种微妙的平衡，此消则彼长。

在"国际风格"大行其道的那些年月，纽约摩天楼的设计常常归于平庸；20 世纪五六十年代好不容易拿到项目的建筑师们，不必如同苏立文一样，煞费苦心地使得繁复的古典样式符合摩登的建筑程序，

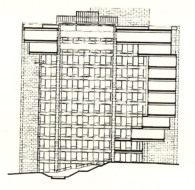

福特中心，巨大的中庭之中充满绿色植物，使它座下起伏的地形有了新的含义。

这同时也使得摩天楼的"设计"之中甚少建筑师个人的声音。可是，1970年代以来"文化"这头怪兽的反噬，使得有人气的"样式"倒过来压倒了无生命的"程序"——当摩天楼成为一个文化稳定的象征，并迎合于本地"复兴市中心"（downtown revival）的经济气候，它开始多变和有趣了：平面不再对应于立面，楼层分布的逻辑脱离于建筑体块的切割……

即使技术考量依然是高层建筑发展的动力，它也已经和纯粹视觉经验的"设计"无关。

与同样亚裔出身且低调的贝聿铭一样，世界贸易中心的设计者山崎实在他从业的前三十年几乎没有什么声音，但是，他在结构设计上的长年造诣，使他最终获得了这么一个重要的项目。那两幢110层的大楼体量巨大，但它们甚至比大多数已知的摩天楼还要纯净，它们的设计一模一样，都是边长63.5米，地面以上高435米，直上直下，几乎没有任何变化。它们极少主义的外观和它们功能主义的考量之间若即若离。

据说，山崎实自己并不喜欢高楼大厦，自己从来都是栖身于低层住宅。作为一个崇尚功能主义的建筑师，他却认为摩天楼有两个设计上的先天不足：和赖特一样，山崎实遗憾摩天楼和地面上城市的交流太少，它们的巨大体量和鲜明形象，对于行走在下面的行人是种巨大的压迫——某种程度上，他的设计对这种缺憾做出了回应：世贸大厦在地面层上有着人性化的变化，它的底部变化出使行人感到亲切

赫尔穆特·扬

赫尔穆特·扬（Helmut Jahn，1940—）是一位德裔的美国建筑师，从德国移民至美国后曾经在密斯曾经任教的伊利诺伊理工学院（IIT）学习，但没有获得学位就离开了学校。1985年，他在芝加哥设计的有着一座玻璃中庭的伊利诺伊州中心大楼，使他受到广泛的瞩目。

的、细长高挑的尖拱；一反纽约城黑黄石材和灰色混凝土的主调，细密白色铝板排列在大厦的表面，形成极为细窄的窗格，宽度仅仅是半米多点儿。结果是建筑的外立面上，玻璃窗只占了很少的面积，在一片晴空之中，这片白茫茫的墙面仿佛归于消失，给观者以纤巧轻盈的假象。

支持着这种视觉印象的是世贸大厦颇具新意的结构。当时，大多数摩天楼的承重结构都集中在中心部分均匀分布的柱网，外表只是一层薄薄的幕墙。而世贸大厦的支撑结构却由外围一圈密置的钢柱组成，每根钢柱之间的距离仅为 1.016 米。整座大楼犹如由一圈由密织钢柱编成的巨大方筒，大厦中心的服务区则由另一个稍小的方筒组成，两个方筒之间以水平的空间网架固结。

在 1970 年代初，山崎实对于世贸细节的雕琢已经喻示着一个高层建筑的新变化：坦诚的结构或是惊人的高度如今都不再是最急迫的问题。风向急转，因为投资气候的降温，美国摩天楼的高度也显著地跌落。富于雕塑感的建筑形体使得摩天楼和传统建筑中"人"的尺度感渐行渐远，充满光学游戏的反射和半反射材料，则令建筑立面和内部的关系愈发暧昧。在波特曼发明内有乾坤的中庭式摩天楼的同时，外观上，赫尔穆特·扬式样的水晶顶所代表的更富于变化的外表开始大行其道。

但是，无论是自外而内还是由内及外，小方格内安置的每个人的命运并没有得到显著的改善，最起码的建筑安全问题也并没有得到真正的关注，没有人胆敢想过，有朝一日，在日趋庞大的摩天楼上，终于会有人上得去却下不来。

山崎实于 1986 年去世，他因此没有机会目睹纽约城市历史所面对的最严酷的考验。

地铁

摩天楼其实是无比脆弱的。在"9·11"前后，通过互联网和电视屏幕，整个世界都目睹了熊熊燃烧的世贸双塔，但是，很少见诸形象的，却是建筑里面的人们疯狂逃生的数小时——电视屏幕陷入黑暗的数小时；这数小时，暴露了工程师周详的计算并没有解决所有"人"的问题。自然，没有人可以想象，阿塔驾驶的第一架被劫持的飞机撞进建筑的瞬间，那些困守在各色计算机屏幕面前的小职员们的脸上是什么样的表情。

可是，即便在太平无事时，着墨于纽约建筑内部的描写也是乏善可陈。

通过交叉访问大量的幸存者，以及查阅电话记录，半年之后的《纽约时报》得以首次向我们展现了世贸大厦内部最后数小时的情形：

> 楼道之中飞舞着烟雾和细碎的粉尘。当他们跑到第81楼时，克拉克先生记得，他们遇见了一个瘦男人和一个体形巨大的女人，"你们不能往下走了"，那女人尖叫道，"你们得往上去，下面太多烟雾了"……这一判断改变了一切，因为数百人得出了与此相同的结论；但是，楼道里的烟雾和粉尘不是什么不可逾越的障碍，它只不过导致了一种心理恐惧。这条楼道是大厦里唯一的逃生通道，由顶层直贯而下。早些发现这条通道的人本是有机会逃生的。
>
> 可是，在飞机撞入大厦之后片刻，对那些伫立在81层的逃难者而言，这弥足珍贵的机会并未使他们觉悟。克拉克先生用手电在他的同事的脸上晃着，他们在争论是否反其道而行之：
>
> "上还是下？"

南楼被撞的时候，其实还有一条防火梯没坏，但是大楼受损区的200人却偏偏选择往上跑——他们相信顶层会有直升飞机的救援，就像1993年发生在同一地点的炸弹袭击一样，结果，通往天顶的门却打不开，因为控制门的不光是钥匙，还需要底层某处的控制中心按下一个开关，而早在撞击伊始，控制中心和顶楼的联络便已被砸烂了。自然，克拉克先生再也没有碰见那瘦男人和女人。

《纽约时报》感叹道，那往上走的200人的抉择是一个生入死门的抉择，他们其实完全可以往下跑，并在大楼倒塌之前到达底层，阻拦他们的不是几块混凝土板，而是下意识的恐惧。其实，换了任何一个人也难保不往上跑，因为在那七八十层乌烟瘴气又黑乎乎的楼梯里往下跑，谁知道什么时候头顶上一下子塌下来？

这种心理上的需要，恐怕是很难完全"功能化"的。

"9·11"唤起了纽约客对于建筑的别样经验——这种经验无关于显赫的地址。"上还是下？"的问题从支离的感官诉求和宏大的外部逻辑，一下又返回到使用者真切的室内经验，它关乎每个人切入这建筑的路径，关乎每条很少使用、灰尘满覆的逃生通道，关乎沉闷低矮的空调房间里的小格，它提醒着每一个人：一个人一天中其实没多少时间能待在室外，高级主管的办公室也许幸运地面朝着街道，可是对着逼仄的都市深谷，他并无什么东西可看，而且没有多少时间能够让他离开面前的计算机屏幕。

对于熟悉这座城市的人们来说，长久以来，纽约正有一个无比强大却不怎么看得见的室内世界。"褐石屋"的鼓吹者克莱·兰开斯特（Clay Lancaster）这样描绘与外表大相径庭的纽约内里："天花板，窗口（fenestration），门廊，烟囱管道，每边的所有墙上都悬挂着表面起伏的织物，地板上完全为地毯覆盖……衬垫、小桌和茶几……此处，人们的眼睛只是应接不暇地从一种色彩、一种小花样、一种光泽移动到另一种。"

这样的室内却很少透露关于室外的讯息："除了窗户支柱（stanchions），看不见任何硬的建筑线条……"

这种沉默不光是关于那些收入不高的、无奈的底层人的，长年躲在不见天日的小格子间里的是整座城市；小型建筑设计公司、室内设计师、时装设计师、家具制造商、地毯匠人、艺术家的作品，一滴滴地注入"一种色彩、一种小花样、一种光泽"的汪洋，它们把要不然便终年黑暗的大厦深处和地下室打扮得流光溢彩：纽约客自己最亲密的世界，是一个没有窗户也缺乏形状的世界。

甚至，他们逃生的权利也并不拴在他们口袋里的钥匙链上，它已经交给了那不可见的"程序"。

纽约的地铁是地面世界的私生子。它有着同样一个阴郁的幽灵般的父亲——"程序"，它的暴力性格的母亲，是脱卸了曼哈顿格栅束缚的纽约早期高架火车——"El"。

摩天楼在竖直方向上将这格栅城市分割为互不粘连的条缕，地下铁的意义则正好相反——在地下与这些摩天楼垂直的平面上，密织的地铁隧道和发着巨大声响的地铁列车，组织起了一种恣肆的、随风溃散的社会罗网。和那高耸而孤立的群山相反，这种由地表之下的水平网络而"联通"的趋向，凸现了城市发展中另外一支重要的力量：那便是多少有些自惭形秽的"公共"对于"私人"的调和与干预。

类似于早期摩天楼的发展，在地铁的设计者们看来，地铁纯属实用的工程学，而与风格和"样式"无关。纽约轨道交通的滥觞，第一条高架路线（IRT 第九大道线，诨名"El"）早在 1868 年就已开通，升高到数层楼高处的高架铁路不再严格地遵循 1817 年格栅的桎梏,并轨和转弯不能不产生的曲线轨道,开始撕扯着直角四边形的生硬的边界,使"El"两边的住家一次次从梦中醒转。那是两车相错而过的呼啸,火车咔嚓咔嚓的换轨声,起动、刹车之际铁与铁的锐利磨擦,子夜就已经开始的巨大吵闹声……最终让高楼铁路一侧的开口全部改成触目惊心的盲窗——又一次,因为没有既定的法令约束,人的感性在膨胀的理智面前只能束手无策。

从对于维多利亚时期的伦敦和奥斯曼巴黎的蹩脚模仿里长出了一口气,现在,纽约的"程序"已经挣脱了东施效颦的"形象",这便是威廉·豪厄尔斯(William D. Howells)所目击的都市"疯狂的全景画":

> 那些依照大街宽度,或攒集一处或互相偏离的(高架)线路变化莫测,它总是那么肆意,惘然不顾在它左近、上面、下面居住,买卖,歌哭歌笑,或喧哗作声,或畏缩不前的人群,这是这幅疯狂的全景画的特色……"事故,然后紧急情况"(accident and then exigency)看上去似乎是这种蔚为壮观的场景后面的机制,自由的、没有计划的能量的运转使得森林从大地拔向天空;然后便是为生存的白热化的争斗,在弱者变形、突变、毁灭和腐朽的过程之中,强者踞于其上……

也就在"El"发展到地铁的时期,纽约的人口暴涨了一倍,达到空前的 150 万人。这海量的人口,在"El"的阴影下"居住,买卖,歌哭歌笑,或喧哗作声,或畏缩不前的人群"是这幅疯狂的全景画的特色,也同时是它的原因——"自由能量的运转"并非真的没有计划,只是它给人的印象和它的逻辑截然相反。这种为生存的白热化的争斗,

"EL"。

高架铁路桥下的交通。

使得被妥帖地隐藏着的室内感到不安。现在它面临着一个非此即彼的选择，要么又回到过去的那种静悄悄的死寂之中，要么发现另一种更巧妙的因应之道，使得狂暴的自由能量和精密规整的格栅并行不悖。

三十年后，1904 年 10 月 27 日，跨区捷运公司（IRT）的第一条地下路线开始营运，它是"El"的合乎逻辑的延伸，而比前者更快，更低廉，更可靠。它像是当时已经被用作镇痛剂的吗啡，舒解病痛的同时带来对于医疗手段的依赖，它在遽然缓解了曼哈顿本岛人口压力的同时，也从其他大区，比如皇后区和布鲁克林，带来无数朝至夕去的劳动力；它最终确保了曼哈顿和其他四个大区——布鲁克林、皇后区、布朗克斯、斯塔腾岛——在 1898 年合成的新纽约市，它使得规模经济基础上的区域发展得以可能，也使得曼哈顿的大街更加拥挤不堪。

水平和垂直，地下或天空，最终的结果都趋于"联通"，创造出由机械力量串联或并联在一起的新的城市类型：一具强大而精确的经济机器。然而，如同摩天楼或奇想中的天空城市一样，这种"联通"的大势同时受惠和受挫于私人资本对巨额利润的兴趣。

私人垄断导致不着边际的恶性竞争，19 世纪末叶的纽约公共权力部门，由此见识了各种风马牛不相及的离奇建议——比如在罗马人发明的高架水道式建构上，跑一溜马拉的，或是电缆拖曳的小街车——当年在幕后策划"公共"交通事务的都是出色的生意人，个个非同凡响精明过人，比如主事"El"的杰伊·古尔德（Jay Gould）、拉塞尔·塞奇（Russell Sage）和大名鼎鼎的摩根（J. P. Morgan），对这些摩天楼的建造者的局部利益而言，"孤立"和"联通"一样有充分的依据，人为设置的障碍和孜孜以求的效率因此有机会携手。很长时间里，这些大亨们都拒绝纽约市插手他们的轨道交通业务——尽管今天看来，这似乎天经地义；不用说，在小小曼哈顿岛上近在咫尺的地方，建立两个完全互不联通的火车站（宾夕法尼亚车站和大中心火车站），也是出于同一个心照不宣的理由。

真正"公共"权力的逐步介入，使得纽约地铁的发展溢出了私人业务的寻常轨道，在 20 世纪之中，逐渐培育出一种不拘一格的大众空间样式。1913 年，纽约市政府批准了双协议计划（Dual Contracts），授权布鲁克林捷运公司（BRT）和 IRT 同时经营地铁业务。后来双协议计划的运营经费日益升高，这种包办的婚姻趋于破产，市政府于是开始采用 BOT 模式，也就是公私合作，私营再转公有的经营模式，建造更多的地铁路线，并委托两家私人公司运营。

在垄断资本铁板一块的纽约市建设之中，这大概是相对代表中下层利益的公共权力打下的最早一根楔子。

20 世纪 30 年代，也就是强人罗伯特·摩西开始崭露头角的年月，称得上是纽约地铁历史上的关键时刻，声称代表"普通人"利益的公共权力，加强了自己在城市建设中的主导作用。1932 年，公营的独立地铁系统（IND）首条线路通车，通车带来的是连锁反应，合并三个既有的公司大势所趋，市政府决定出资购买私人公司的营运业务，1940 年合并终于大功告成。在合并之后，市政府将老旧的高架路线逐次拆除，并且一一连接既有的铁道线路，1953 年，纽约市捷运局（MTA）正式成立，宣告了世界上最有名的公共轨道交通系统的诞生。

"公共"并不仅仅意味着大同，它自此也和一个身躯庞大却步履缓慢的官僚系统结下不解之缘。尽管一度因为治安恶劣、设备老化而臭名昭著，地铁却是这个城市最富于特色的一部分，虽不富丽堂皇，却密织广布，充满着打孔卡片统计不到的多样性：纽约地铁的规模不知是否称得上世界第一，但它的车站之多之密无疑首屈一指，MTA 拥有 468 个停靠站，比第二名的巴黎多了将近一百个。

一百年前，或许没有人会将地铁作为一种建筑"样式"来讨论，事实上，它确实没有古典建筑范式的许多高贵特征，看上去，地铁更多的是结构工程师和市政工程师的业务。纽约地铁的构想者正是设计了布鲁克林桥的同一群工程师们，可是，史诗一般的路桥工程中闪现的当代"崇高"，并不能搬来照用于地下铁道，那使人既惊且惧的"El"，它投落在纽约大街上的阴影并没有消失，它只是转移到了地下。

早期，营造地铁的方式大致有五种，其中最有代表性的是那些靠近地表的地铁线路：通用平屋顶、工字钢横梁和侧立柱，在轨道之间用球缘钢梁相连接，活像一个铁棺材的无限延伸。在 20 世纪的第一个十年里，这种样式的地铁隧道建成了 10.6 英里，占地铁总里程数的一半以上。为了省钱，这种平屋顶的结构也有使用加强混凝土的，只是在主要街道上开挖的时候，为了不干扰那时已经变得异常繁忙的路面交通，管道的上缘通常做成一个更能承重的钢铁盒盖模样。

和世界各地的其他地铁系统相比，纽约地铁挖埋得既密且浅，它包含的黑暗空间鄙陋而令人生畏。在工程师的头脑中，这种为利润和功能驱策的交通设施，只有起点和终点对人产生意义，"舒适"何妨次要，为了节省施工成本，早期地铁之中甚至也有简单采用混凝土隧道或预制铸铁管道的，主要用于哈莱姆和东河下面的隧道，乘客在这种管道中旅行，就像科学幻想小说家凡尔纳笔下被发射出去的"人弹"。

"从市政厅到 103 街之快，简直是脖子也要断了！" 1904 年，亲自全程驾驶第一班地铁的市长乔治·麦克莱伦（George B. McClellan）感慨地说——第一次乘坐地铁的纽约客多达数万人，在他们得到的宣传广告上印着爱德华·拉斯卡（Edward Laska）和托马斯·凯利（Thomas Kelly）创作的"来，在地下走一遭"（Come Take a Ride Underground）的歌片，新的交通经验被包装成名媛士女参加体面社交聚会的老套。

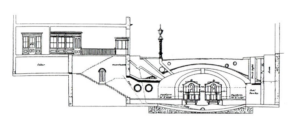

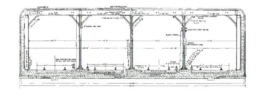

纽约地铁的典型构造和施工情况。

"管子"

早期地铁的技术受惠于运煤或运油的管道施工，连铁路车厢也相应地做成适应的形状，发明地铁的英国地下交通系统因此有"管子"（tube）的别名。这种不是为人而设计的管道交通，在使用蒸汽机车的阶段简直是人间地狱，这种状况同时鼓励了两种新发明的出现：电力机车和更有效的通风系统。

在这座公共空间严重匮乏的城市里，尝鲜的大部分人一开始只是出于好奇，他们绝对想不到这地下铁龙日后对于城市的意义。

　　很自然地，这突如其来的、高速行进之中的黑暗世界，刚开始难免会使人们有点小小不适应——所幸的是，在这里并没有像19世纪末的中国那样，发生恐惧的农民用锄头将铁道拆掉的事件——不难想象，早期地铁的施工和运营条件都极其恶劣，冬天，往往有人一般大的冰锥倒悬在坑道里，使得施工困难重重；夏季，尽管人工通风差强人意，蒸汽机车还是使得地铁隧道内酷热无比。更要命的是，地下旅途上的骑手们永远也不能看清楚前方的去向，他们永远不确信，前方是否有不可见的灾祸正翘首以待；与此相比，雨雾之中露天铁轨上飞驰的列车，倒像行驶在天堂一般。

　　于是，出现了形形色色的地下世界的"异像"。施工的工人们中间有人看见了一只"喷火的狗"，有人宣称在隧道里遇见了一只老虎。这种对于"异像"的敏感一直延续到许多年后，20世纪60年代，有人在地铁隧道里发现了猴子，"鸽子搭车"也一度成为不胫而走的市井新闻，不用说，黑暗之中还有时常可见的流浪猫、无家可归的"地铁人"……

　　今天，你走过曼哈顿的大街，常常会惊喜地发现纽约的地铁不需要路标——正是脚下隔着通气栅开始颤抖的地面，拯救了迷失在上城的安吉丽娜——纽约地铁的巨大声响，有时使得i-Pod里的MP3音乐形同虚设，或者，它使得古典音乐再不适用于都市里的上班族，又多了另一个显而易见的理由？奇怪的是，2006年，当纽约市在电信公司的压力下决定给地铁安装可以转收手机信号的设备时，却意外地引起了一部分市民的抗议，尽管地铁里的机械噪声比一切人声都大，有些人却觉得地铁里饶舌者无休无止的"电话煲"才会使他们受不了。

　　即使是在地面上，初来乍到者可能也会经受不住这种不知深浅的、黑暗之中的律动。尽管纽约客可能会嘲笑这种神经脆弱，远方人的惊讶却不是毫无道理的。在一个世纪之前，营造地铁所带来的巨大声响已经使得很多人开始质疑，这种新的"纯粹实用"的钢铁怪兽是否超过了人的忍受极限。1903 年，一伙"斧头帮"袭击了布拉恩特公园（Bryant Park）公园附近的地铁施工现场，他们并不是暴民，这些可怜人儿只不过实在受不了工地的喧嚣，那儿巨大的碎石机发出的噪声，使得夜里睡不着觉的人们几近疯狂。

人们终究习惯了工业时代到来时的噪声……而且用不了多久，他们便会发现，这黑暗与噪声之中竟有着隐秘的乐趣，一种使人上瘾的"癫狂"。

在"El"运动中撕扯起来的都市全景，使得片段、逼促的摩天楼的竖直图画突然变得生动起来了——约翰·斯蒂尔戈（John Stilgoe）称之为"大都会走廊"上的通勤火车浩浩荡荡开进城市的感觉，或许也就是前面文森特·斯库里所形容过的"如上帝般的君临"，或者说，一种"进步"的史诗，如同大卫·格里菲斯导演的《党同伐异》（1916）一样，它将古典戏剧亦步亦趋的时空在眼花缭乱的建筑形象之中打碎，又用速度将它们连接起来。

而纽约地铁就如同主题公园里的过山车，除了"EL"所具有的一切，它还有一种隐秘的、狂野的乐趣。

在到处都是穿镶金边制服门卫的纽约，穷人只需区区两美元就可以体味这乐趣——更何况，你还可以拉上数百个素昧平生的人"垫背"。

不同的线路，组织起不同的经验，从"最国际化的"奔驰在皇后区的 7 号线（布隆博格语）到曾经一头扎进世贸大厦灾难的 1 号线，无与伦比的速度里会有黑暗的片刻，然后是一幕幕光明的景象……文明的世界又接续上了，而且拖曳着每个人的心绪，轰隆隆地驶往下一站。在安吉丽娜所目睹的那个迷宫一般的纽约市之中，这黑暗和光明的变奏本身便是一幕精彩电影，上上下下，它剪接了一出生活的蒙太奇。

不管是热闹还是意外，地铁里的乐趣都来自大众的参与，来自同舟共济，却终相忘于江湖的尴尬。这种独特的都市经验不仅关于惊悚与野趣，它的前提恰恰是两种彼此龃龉的困境：拥堵和疏离。最初，地铁里的拥堵是个令人头痛的问题，但很快，它便成了一个人每天唯一和人群面对面"交流"的际遇——在热烘烘让人有些心慌的近距离里，他可以面对面"认识"许多和他一样的都市倦客，不管是让他心动的陌生美女，还是碰巧和他同坐一辆车的纽约市长，末了，他们却终于一言未发，形同陌路。

这种古怪的、止于眼神和体息的"交流"，使得"一起孤独"的人们更彼此疏离，它某种意义上恰恰证明了堵塞的本质：堵塞带给人们的，并不一定是出于对"慢"的恐慌，它的起因恰恰是为了"快"而引起的失落。

像在玻璃幕墙后面的高处安享孤寂乐趣的罗琳·布兰考一样，这失落有时也可以成为飞升的缘由。

20 世纪 70 年代纽约地铁的黯淡年月，也是纽约城衰败的时分，忙于建筑高速公路路桥的工程师们、再没有摩天楼的大活可以干的设计师们、MTA 的头脑们，现在一起想起了这个被人们遗忘的城市的部分——现在，是重新装点这个城市"内观"的时候了——显然，地铁注定没有什么"外表"。

虽然纽约地铁的装饰乏善可陈，但也不是全无文章可作，比如一看便知是纽约出产的鲜艳"字母豆豆"，代表各条线路的名称，比如各色小瓷砖拼贴而成的每一站的站牌，使人想起罗马的镶嵌画（mosaics）……

但是，人们很快便回过神来，"内观"或"外表"并不重要，什么

1939

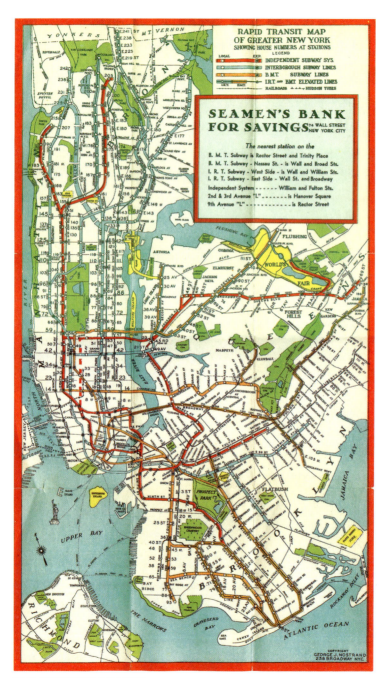

不同历史时期的纽约地铁线路图。

1964   1972

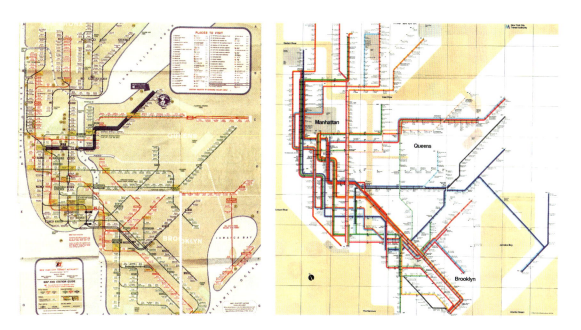

1987

才是这城市独特空间的自我宣言？他们从一个籍籍无名的高中生那里得到启发：这孩子发誓要把纽约城所有的地铁都乘坐一遍，他前后共花了四十个小时，纽约的地铁好在是不间断的，因此他可以在半夜里连续不停地坐，这个尝试居然可以算作他的家庭作业的一部分，他为此得了三个学分。

世界上另一些国家的地铁"艺术"——例如朝鲜和前苏联——都带着浓厚的官方色彩，涂着高雅文化的脂粉，而纽约地铁却是这城市通俗的一部分，无可争辩地，它的魅力全缘于自发。

不登大雅之堂的地铁即兴演出，需要地面上屈尊下来的人们一定的心理准备。最初那些偶发的歌谣都只是直抒胸臆，荷尔蒙分泌过剩的都市少年们在人来人往之地顺嘴唱出他们所见与所想，也并不奢求几个铜子儿，1967 年，由街边乐队登堂入室的"地下丝绒"（Velvet Underground）便唱道"上至莱克星顿 125 街 / 恶心龌龊，生不如死"（up to Lexington 125 / feel sick and dirty more dead than alive）。在这歌声里，走江湖的都市过客渐渐崭露了他们的头角，不要指望他们个个都是浪漫小说里的行吟歌手，可无论是手持鹦鹉变把戏的地铁魔术师，还是假残废恶心人的乞讨者，都货真价实同样是这黑暗世界的出色演员。

这样鄙俗的大众舞台虽与正统的公共空间无关，但在这个私人资本的城市里，却不乏大量公共参与的兴趣，黑暗污浊的地铁，甚至成为体制挑战者的天堂。无论是闹剧还是杰作，看客们通常不置一词，但是这地下的短暂一幕，已经在他们的心里广播下了一种异样的经验。

最著名的地铁通俗文化英雄莫过于孔·托马斯（Keron Thomas），一个仅仅 16 岁，却敢于恣意妄为的少年，1993 年，他装扮成一个名叫雷戈伯托·萨比奥（Regoberto Sabio）的地铁司机，大模大样地闪进一辆列车的驾驶室，驾轻就熟地将 A 号线开了三个半小时，居然没有

地下庇护所，现在这个地下世界要躲避的还有原子弹袭击。Guy B. Panero Engineers，Paul Weidlinger 和 Hood & Manice，1959 年，Cristof 作渲染图，西南视图。

第二次世界大战催生的美国版皮尔内西：新泽西 Palisade 的炸弹庇护所，George J. Atwell，John Evans 和 Hugh Ferriss，1943。

一个人发觉他是个冒牌货。一夜之间，托马斯变得和冷战时代驾飞机闯入莫斯科红场的西德人马蒂亚斯·鲁斯特（Mathias Rust）一样有名，当那些终日营营役役、对身外之事逆来顺受的纽约客们，寡淡无味地踏上这趟上班的旅途时，托马斯胆大包天的行为，无疑是在刺激着他们久已衰弱的神经：

瞧，乘客们，"系统"不转了，（至少在这三个半小时内）我们也行！

《纽约时报》形容托马斯的恶作剧是"三个半小时坐三年牢"，最后，执法者放过了这个只不过想"开个玩笑"的男孩。但是群起的效仿者就不一定都那么幸运了。每年的 1 月 13 日，都会有一个"随处即兴"（Improv Everywhere）的组织，号召它的成员只穿内裤乘坐地铁，在目瞪口呆的乘客面前，一群男生女生大大方方地脱下裤子——当然里面并不是一无所有，不过衣冠楚楚的男男女女，下面却是两条光溜溜的腿，也够滑稽的，最要命的是恶作剧者自己还得憋住，装得若无其事泰然自若。这种无伤大体的玩笑远不如托马斯的恶作剧那般瞩目，受到的却是同样实在的处罚，待到地铁靠站车门打开，对这光屁股节日早有所警觉的纽约警察就给他们戴上手铐。

你可以将这种恶搞滥美为对于刻板的功能主义的嘲弄，或是加上一个用烂的词"酷"——用后一伙人自己的话："我们只是想让大家开心而已。"可是某种意义上，他们更多地是让自己开心：他们既是演员又是观众，既制造新闻也围观起哄，可千万不要给他们戴上什么"反体制英雄"的桂冠，"随处即兴"的组织性纪律性，就是乌合之众的乐趣，轰隆隆的地下世界从来就没有一张固定的地图，它的规则就是"随处即兴"。

"随处即兴"的魅力，来自于一种颠覆寻常生活的危险，不可见的危险更加危险，可这不可见之中的暧昧，或说无以用传统视觉经验把握的混乱，本身也是魅力的一部分。

远在地铁来临之前，纽约城的早期流氓团伙已经学会了利用地下通道挖掘，进珠宝商店偷窃，规整的都市路面下密布的动力和下水管道，恰为他们提供了清晰的参照——要想跨越壁垒森严的曼哈顿格栅，这或许是唯一的、也是最令人叫绝的方式；最妙的，是除了抵达犯罪现场之前的一刻，在这名义自由的城市里，并没有人能够制止这黑暗力量在地下的行进。

在地铁开始建设之后，纽约客正式感受到了这种无拘无束的力量的可畏，资本的力量使它如虎添翼：19 世纪末地铁施工时，最著名的事故之一发生在 38 街到 39 街之间的公园大道，因为挖掘抽取地下水，施工造成了缓慢不易察觉的地面下沉，最后，居然有一整幢堂皇的旅馆跌入了地下，地面上高耸的生活和地面之下的黑暗世界偶一聚首，出现了一个深不可测的骇人大坑。

按照 20 世纪初兴起的时髦理论，"显意识"便像是漂浮在水面上的孤零零的小船，那么，在一片幽冥之中横冲直撞的地铁车厢，便是蠢蠢欲动的"无意识"再好不过的图解了。弗洛伊德所唤起的这种对于地下结构的兴趣，并不完全像意大利画家皮拉内西想象的地下世界那样，给人们徒增恐惧。对于沉迷于地铁者而言，这种隐秘的集体无意识竟也带来了游戏的快乐。

随处即兴

"9·11"之后，拥有世界上最多列车的纽约地铁系统的管理者，开始对那些在车站内拍摄和摄像的旅游者感到不安。2004 年 6 月和 11 月，MTA 分别决议，试图通过一个"地铁行为守则"禁止此类活动，尽管，由于公众强烈的反应和权益组织的活动，行为守则没有获得批准，地铁警察依然保留他们的权力，必要的时候，他们可以对那些未经批准的摄影者进行干涉，甚至没收他们的设备，给他们一张行为不端的传票。

理论上而言，没有事先预警，想在数百个上下站抓获一伙特定的调皮捣蛋者是不大容易的。可是对于"随处即兴"的人们而言，他们的矛盾在于乐于即兴却不甘于无名，召唤警察前来将他们逮捕才是这出好戏的正式结尾。

皮拉内西的地下世界。

在纽约，一丝不苟的地面上的世界，使得这种快乐只能在地下的黑暗之中不事声张地获得。

如果说摩天楼是传统城市的垂直重组，冷不丁地一瞅，地铁恰恰是摩天楼的水平再造，运动，开门，关门，运动……这开合之间，并未经过严格的物理连续，不可思议地，空间从一个片断过渡到另一个片断。然而地上地下蕴藉的感受却终有所不同。在摩天楼里由上而下的旅程，是衣冠楚楚的、始终分明的和金光闪耀的，每段旅程和每段旅程之间全然无关；地铁则提供了一个浮皮潦草的，却出人意外地眼花缭乱的新的空间经验，这经验和摩天楼里的上上下下大相径庭，更和透视图景里开敞的古典式样的壮美全然无关。

在这里坚实的、地面上的世界溃散了……人流，噪声，物品，闪光……全都聚合成一个个暂时的事件和冲突，地铁中的"暴徒"像都市里的游击队，一声枪响过后，随即四散奔逃。

黑夜城市

向来都有两种纽约：一种是旅游手册上的纽约，那里充斥着光鲜亮丽的图片，为安吉丽娜这样的初来乍到者仰慕已久；另一种，像黑漆漆闹哄哄的地铁车站，只有身临其境的人才能体会；前一种使人轻松开怀，比如闻名遐迩的《老友记》，在同屋们无休止的逗乐里，洋溢着一种温暖的都市情意（其实，这出肥皂剧里几乎没有一幕是在纽约拍摄的）；另一种纽约却毫不客气地戳穿这西洋景：英国导演斯坦利·库布里克临终之前拍摄的最后一部电影《大开眼戒》，片中有位帅哥医生哈福德（汤姆·克鲁斯饰），追踪他举止可疑的妻子爱丽思（尼可·基德曼饰），突然窥见了一个曼哈顿之外的秘密去处，一个匪夷所思的性俱乐部，瞬时间，不光他体面的中产阶级生活被突然打断，就连纽约也变得和往常不一样了——那是一个午夜里阴郁的城市，只有地下隧道冬日向地面排放的阵阵雾霭，才稍许透露些这黑暗世界的讯息。

今天的人们很少把纽约和这种隐晦的图景联系在一起，其实，这种图景从来都不曾远离纽约客的视线。

第一种黑暗归于历史深处的秘密，从殖民时代开始，足足有两百年的时间，纽约人役使着城市人口20%的黑奴，40%的家庭都蓄有黑奴，迟至1827年，纽约的奴隶制度才被正式废除。而今纽约市的许多地标建筑，包括著名的旧三一教堂、第一栋市政厅，乃至于华尔街旧址的围墙，都是黑奴苦力所建。谁能想到，这个以多样性和自由主义精神著称的城市，居然曾是除了南卡罗来纳州的查尔斯顿之外黑奴人口最多的美国城市？这些被遗忘的黑奴沧桑，可能是纽约历史上最阴暗、却又鲜为人知的一面，它也解释了今日哈莱姆和布朗克斯美国裔非洲人社会问题的悠久渊源。

只要不是过于天真——在纽约，这样的天真汉还真不容易找到——人们自然也不会漏掉地铁中的"鼹鼠"，或称"下水道老鼠人"。他们是些因为种种原因无家可归的人，挤在纽约不关闭的公共设施之中，据说居然一共有5000人之多，并且形成了自己的"部落"，有着自己的游戏规则和"民俗"，也因此吸引着社会学家的浓厚兴趣；20世纪80年代后期，在中国中央电视台"正大剧场"播出时易名为《侠胆雄狮》的电视系列片"美女与野兽"，就是基于这种匪夷所思的现实。

抬头仰望地面上的世界，那位除暴安良的狮面律师文森特主持正义的同时，也会不禁发出这样的感叹：

这是个有权有势的人统治的世界，是她的世界；与我的世界截然不同。

《消失的城市》（The Disappearing City），莱特在他 1932 年的展览里引用了这幅摄影作品，附上的说明文字是"发现人"。

正义对邪恶、光明对阴暗的通俗剧里，另一种更诡秘的黑暗已经隐隐可见，呼之欲出。它比这个城市的历史甚至还要悠久得多，如同"美女与野兽"主题里隐讳的人兽间情欲一样，它指向一种诱人的暧昧，西方文化中一个悠久的命题。

——有人说，地球上大概没有任何一个城市区域会比破落混乱的纽约格林威治村和东村，更能聚集心会于这种"野趣"的文化名人了：从亨利·詹姆斯、艾伦·金斯博格，直到鲍勃·迪伦、马龙·白兰度，也包括上文那位以为纽约是荒芜之地的亨利·门肯。他们大多数人并不会终老于此地，但纽约一定会在他们的生命里留下另类的印记，这种印记永远不会冠冕堂皇地写在历史之中，却时不时在类如《大开眼戒》这类文艺作品中，或是在揭露名人私生活的小报记者的牙缝里泄漏些痕迹，常常是意外的丑陋与阴霾，逆着人性之光，让照本宣科的研究者大跌眼镜。

这两种黑暗之间并非风马牛不相及。1807 年庞大规划里打入曼哈顿地面的大理石和铸铁界桩，只标定工程师自鸣得意的理念，并不着意呵护普通人的感性；同样，政治上的公平只是写在纸上，那些不能完全兑现的宏伟蓝图，和困顿的现实社会之间的龃龉，也为这城市的明天带来无穷隐患。

其一是城市的发展和底层人的生活脱节。20 世纪初，交通能力的大幅提高带来的大量人口，促进了纽约都会经济的勃兴，但是，由于缺乏一个代表大众权益的权力部门，城市发展的图景纵然绚丽，却和普通人的生活缺乏联系。如同芒福德所看到的那样，纽约所面对的新问题并不多见于诸传统城市，"在古典时期的罗马、中世纪时期的斯特拉斯堡、文艺复兴时期的佛罗伦萨、巴洛克时期的罗马、18 世纪的伦敦，以及 19 世纪的巴黎"，市中心的街道两边顺理成章是服务设施，以及为这些设施带来消费供给的公寓住宅。相形之下，本着理性和精准而奠定它的基石，在面对"人"的基本生活需求方面，纽约却显示出不近常情的冷漠，这里没有多少不合效率的"闲地"，哪怕它们是维持传统社会的仪式感所亟需；城市的中央簇集着生产单位，高拔的早期摩天楼宁可空置，也不会让给穷人栖身；地租之高昂，使得一般收入的居民根本无力在这座城市中找到他们的栖身之所。

其二，19世纪的建筑学尚没有提供一种服务于普通人的形式——这个任务仍需勒·柯布西耶等人在一百年之后完成——今天的人们或许无法想象这种局面的荒谬，但是真实的情况是，无论中国还是西方，"下等人"本是没有什么建筑学可言的（就连杜甫的"寒士"也不包括劳动者），即使在今天，上了台面的"设计"也绝不会是为所有人的，如上所言，"建造"和"设计"本是两码事。

在19世纪美国建筑从业者呆板的样式书（pattern book）里，租屋（tenant house 或 tenement）所沿袭的"类型"，多半是为一户殷实人家准备的，但在日益稠密的城市现实里，它却不得不由数家人分享。长久以来，在工匠和美术家的传统里，并没有柯布这样的建筑师来振臂一呼，告诉人们该怎么公平分配给普通人阳光、空气和公用设施，于是，我们便有了纽约历史上最有名的贫民窟租屋，像第七区樱桃街（Cherry Street）的戈山庭（Gotham Court），从每家每户窗中密密麻麻伸出的晾衣竿，谕示一场和肮脏、贫穷与疾病做斗争的无望搏斗——也许只是一个巧合，这个戈山（Gotham）也是华盛顿·欧文的讽喻小说里的虚拟场景，后来它成为《蜘蛛人》等一系列正－邪战斗故事中的场景，一个真正的黑暗城市。

只是在贫民窟的臭气逐渐传到大街上来时，1879年，纽约市才通过了有关租屋的法规，之后的20年里，城市公共权力部门开始不疼不痒地改善这种状况。然而，直到20世纪初，纽约下层人的生活质量依然没有明确的法律保障，商业城市的唯投机是瞻，决定了有产者并无

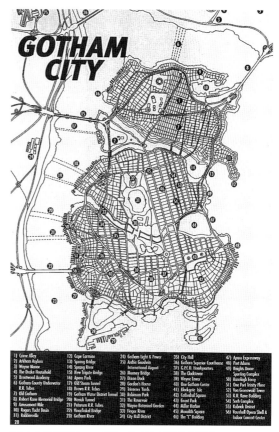

1) Crime Alley	12) Cape Carmine	24) Gotham Light & Power	35) City Hall	47) Ararat Expressway
2) Arkham Asylum	13) Spring Bridge	25) Archie Goodwin	36) Gotham Superior Courthouse	48) Port Adams
3) Wayne Manor	14) Spring River	International Airport	37) G.C.P.D. Headquarters	49) Knights Dome
4) The Drake Household	15) New Trigate Bridge	26) Mooney Bridge	38) The Clocktower	Sporting Complex
5) Brentwood Academy	16) Agora Park	27) Dixon Dock	39) Wayne Towers	50) Ranelagh Ferry
6) Gotham County Underwater	17) Old Steam Tunnel	28) Gordon's House	40) One Gotham Center	51) One Port Trinity Place
R.R. Tubes	18) Brown R.R. Tubes	29) Teironen Yards	41) Blackgate Isle	52) Von Gruenwald Tower
7) Old Gotham	19) Gotham Water District Tunnel	30) Robinson Park	42) Cathedral Square	53) R.H. Kane Building
8) Robert Kane Memorial Bridge	70) Novick Tunnel	31) The Reservoir	43) Grant Park	54) Sseh Complex
9) Amusement Mile	21) Paterson R.R. Tubes	32) Wayne Botanical Garden	44) Miller Harbor	55) Kubrick District
10) Rogers Yacht Basin	22) Vanostrelovi Bridge	33) Finger River	45) Monolith Square	56) Vourbhill Opera Shell &
11) Robbinsville	23) Gotham River	34) City Hall District	46) The "C" Building	Indoor Concert Center

"戈山"的平面? ——是的,这是乌托邦的导游图。

戈山

戈山 (Gotham 或 Gotam),起源于中世纪英语里一个真实的英国城市,它的居民因为举止乖张而常常被人们用来打趣。华盛顿·欧文在 19 世纪早期第一次用"戈山"来指代他的出生地纽约。到了后来,随着纽约流行文化的发展,戈山逐渐有了双重的含义,它既可以指称如同纽约贫民窟那样无可救药的黑暗处所,也可以用来比喻一个奇想之中的所在,那里的居民并不生来就是疯子和小丑,他们"只是大智若愚而已"。麦克·华莱士 (Mike Wallace) 写道:"无疑,正是戈山人这种没正经善于忽悠的品性,曼哈顿才把它当作自己的别名。"纽约最终也成为从《蝙蝠侠》到《超人》一系列电影之中的想象性背景的来源。

足够的热忱去改变这种悲惨的境地；1900 年的社会观察家们看到，曼哈顿的 42 700 间租屋里发酵着 1 585 000 人终日不见阳光的生活，以及逐渐恶化的社会矛盾。在那时候，托马斯·爱迪生发明的电灯还远没有普及，镀金时代通风不畅的贫民区里，肺结核等传染病都是不治之症，对于那些毫无指望的人们，一旦不幸生病就只有乖乖等死。记者雅各布·里斯（Jacob Riis）举起他的相机对准了不见天日的租屋，燃烧镁粉的闪光灯，第一次照亮了这黑暗之中的世界。

一个世纪之前，他感叹道，如此的"城市生活"，最可怜的受害者还不是贫民窟里死去的早殇儿，而是那些依然活着而无望解脱的孩子。

纽约并不是第一个因工业化而罹患"城市病"的西方大都市，但是在追逐利润的早期纽约，公众的声音却尤其微弱。直到 20 世纪 30 年代，罗斯福"新政"的时代，纽约市才开始启动了这座城市的第一个、也是美国第一个公共住房计划。从无到有，今天，纽约城市住房局（NYCHA）拥有的将近二十万套廉租公寓，差不多是十分之一的城市租屋份额。直到公共权力和垄断资本形成了某种条件的平衡，这座城市才第一次对所有人有了意义。当现代主义建筑师将目光投向阴影之中的混乱，理论上曼哈顿才成为一座完整的城市。

故事本该就此结束了，但是事实上却没有。

无论是摩天楼、地铁，还是黑暗破敝的租屋，原本都只是一些"纯然"技术或社会的问题。然而，对于这些貌似单纯问题的不同答案，或痛心疾首，或迷狂沉醉，却暴露了这些问题的根源本植于社会文化的深处，类似于柯布 1950 年代的集体公寓构思，并没有真正"解决"大众住宅的问题；相反，它只是使得这些问题的性质发生了转变，从马赛公寓那样"叫好不叫座"的例子里，建筑师们发现，自己绝不可

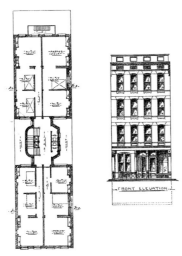

mber and Sanitary Engineer's *model tenement competition,* *78. James E. Ware, winning entry. Second-floor plan* *elevation. PSE. CU.*

Plumber and Sanitary Engineer's *model tenement competition,* *1878. James E. Ware, alternate entry. Second-floor plan and* *elevation. PSE. CU.*

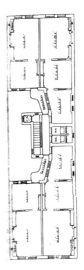

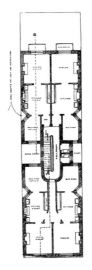

1878 年举办的租屋设计竞赛：技术良心对于社会问题的干预。

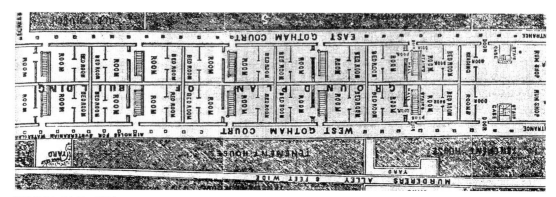

樱桃街 36-38 号，1851。

公共住房计划

穿越时间，纽约的公共住房计划经历了一个戏剧性的改变。很大程度上，20 世纪 30 年代的公共住房计划还要归功于全球范围内的劳资抗争，而不是天上掉下来的馅饼；在英美等资本主义国家，具有社会主义色彩的合作化运动（Co-operative Movement），最终落实为富有成效的经济合作组织，互助住宅（cooperative housing）是其中的一种形式。

和业主独立拥有产权的自有公寓（condominium）不同，互助住宅的最大特点是它同时也构成一种紧密的社区组织。受公共政策的影响，当大多数美国大城市的公共住房计划摇摆不定时，凭着这种强大的互助组织，纽约的中低收入人群不仅仅捍卫了自己的经济利益，也在城市的规划发展之中占据了一席之地。其中最为突出的例子如宾南（Penn South），也就是宾夕法尼亚车站以南，雀儿喜的互助住宅。

1950 年代，由住房联合基金（UHF）和工会支持，在那时还是贫民窟的雀儿喜建造了成千套经济适用住房。就在这个计划肇始的同时，互助住宅的入住协议确立了业主委员会的政治架构，无论产业尺寸大小，业主们拥有的政治权利却是均等的，在事关个人经济利益的集体决议中，每人只能投上一票。在自由散漫的纽约，这种空前民主的底层人的组织，有着别的利益集团所不能比拟的内部团结。

从 1960 年代起的二十多年间，纽约市通过缓税的方法来帮助这些公共住宅维持存在。可是这以后，由于雀儿喜的人气意想不到地飙升，1980 年代的经济复兴之中，地产的估价居然上升了 60%，今非昔比，尽管一半（55%）的宾南住户依然算是低收入家庭，可是，能够居住在寸土寸金的曼哈顿岛上，并且安然享受着各种政策的优惠，这些西区人显然已经不再是当初那些急需救济的真正"穷人"了。

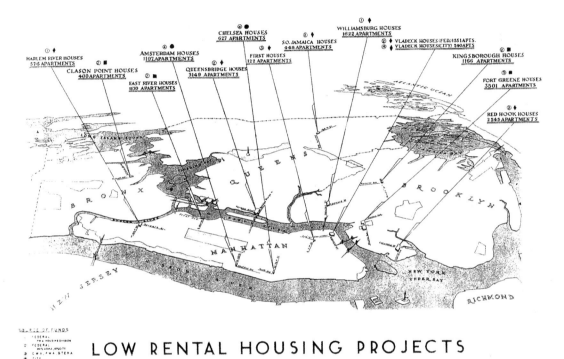

HARLEM RIVER HOUSES
576 APARTMENTS

CLASON POINT HOUSES
400 APARTMENTS

AMSTERDAM HOUSES
1107 APARTMENTS

EAST RIVER HOUSES
1170 APARTMENTS

CHELSEA HOUSES
627 APARTMENTS

QUEENSBRIDGE HOUSES
3149 APARTMENTS

FIRST HOUSES
122 APARTMENTS

S.O. JAMAICA HOUSES
448 APARTMENTS

WILLIAMSBURG HOUSES
1622 APARTMENTS

VLADECK HOUSES (FED.) 1531 APTS.
VLADECK HOUSES (CITY) 240 APTS.

KINGSBOROUGH HOUSES
1166 APARTMENTS

FORT GREENE HOUSES
3501 APARTMENTS

RED HOOK HOUSES
2545 APARTMENTS

LOW RENTAL HOUSING PROJECTS
NEW YORK CITY HOUSING AUTHORITY

1941 年，纽约市住房管理局（NYC Housing Authority）制订了低收入居住计划。

能编排生活；相反，他们顶多只能为这种生活提供更多样的自下而上的可能。

那正应了库哈斯的名句"文化无能为力之事，建筑也一筹莫展"，如此，精英建筑师们强烈地意识到了自己的局限和力量，它使得城市"设计"的目的从没有像今天这样两极分化：一部人意识到，云端里自上而下的救赎本是种自我感觉良好的幻觉，脱卸了那种莫名其妙的道德感，他们索性也就开始光溜溜地起舞；而另一部分人，却一头扎进了那使人恐惧的昏暗之中。

"光辉城市"的初始时刻，这黑暗还总激起伸张正义的热望，而渐渐地，这阴影中的欲望却已变得混沌不清……电影《午夜牛郎》(1969)中，德克萨斯的牛仔琼·沃伊特（Jon Voight）和达斯汀·霍夫曼搭档在纽约出卖男色，德克萨斯和佛罗里达代表的是阳光和健康，南方温暖广阔的冬季，与纽约窄巷之间的罪恶形成鲜明的反照。但是，值得玩味的并不只有男主人公之间暧昧的情意，还有1960年代自我丧失的模糊的背影，那不仅仅是被谴责的黑暗的欲望，还有对于欲望本身的玩味与沉溺，一如格林威治村给美国文学留下的印记。

阴影之中雀跃的欢愉，隐隐地反映了现代主义之中一种不安的躁动。建筑或城市应该为人们创造天堂社会中的福祉，抑或这样的天堂本是幻影？对于"五月风暴"后失落的一代而言，无论是政治强权的乌托邦梦想，还是技术革命带来的神话，都慢慢被证明是遥不可及的天边虹霓，人们对于社会公义的热情逐渐开始低落；另外一种无情的论调，则和思想界的自我颠覆有关：他们认为生活理应屈服于一种先入的结构，与其不识趣地苦战到底，不如纵情享受放任的乐趣。1960年代末以来，撕裂符号和意味的"语言学革命"，让所有的里子都翻到了外面，"黑"和"白"的关系变得不再那么显明。现代主义之后的建筑师强调，建筑本身并不一定执着于某种道德标准，那就好比如今哈莱姆破烂的黑人租屋，本来是设计给白人中产阶级居住的，那里的建筑本身并不为后来的社会问题负责，而纠缠于建筑本身的"正"与"邪"，也无助于解决这样那样的社会痼疾。

被解了套的建筑，一时间释放出冲天的浊气，于是有一群理论家们忙着来为它们驱邪消毒。凡·艾克所说的"迷宫似的清晰性"显然是同样的天真：按照他的调调，类似纽约的"混乱而有序"，反而更有助于个体对于集体的创造性诠释，而不是倒过来导致集体对于个体的呆板控制；库哈斯的《癫狂的纽约》，不过是这种乐观的结构主义的个人化书写：那正是曼哈顿的格栅，一种强有力却充满野性和放荡不羁的新都市"类型"。

但是，无论是哪种"类型"，在这座瞬息万变的城市，它们终于都无可挽回地崩溃了。

似乎依然是高级秩序和低等趣味之间的战斗，精英现代主义的"白"和悲惨无望的"黑"的搏斗，这次却在纽约杀成了势均力敌，使人大跌眼镜。1969年阿瑟·德雷克斯勒（Arthur Drexler）在 MoMA 组织了一次展览，"纽约五"因此暴得大名，他们是五个在纽约的青年建筑师：彼得·埃森曼（Peter Eisenman）、约翰·海杜克（John Hejduk）、迈克尔·格雷夫斯（Michael Graves）、查尔斯·格瓦思米（Charles Gwathmey）和理查德·迈耶（Richard Meier）。"纽约五"背后有建筑强人菲利普·约翰逊的影子，但这五人所谓的"白"色组合，其实是个松散的同盟，除了他们都追求最"纯粹"的建筑形式，想要使得建筑从"语言的牢狱"之中，也就是从无休止的对各种意义的追索之中解放出来，他们之间其实找不到什么共同之处。

1973年5月号的《建筑论坛》（*Architectural Forum*）推出了另外五个站在潮头、更立于街头的"灰"色系纽约建筑师，他们是罗马尔多·

朱尔格拉（Romaldo Giurgola）、阿兰·格林伯格（Allan Greenberg）、杰奎琳·罗伯逊（Jaquelin Robertson）和领军人物查尔斯·摩尔（Charles Moore）以及罗伯特·斯特恩（Robert A. M. Stern）。立足于"日常建筑"的有生气的混乱，他们向"纽约五"的自我陶醉猛烈开火，对他们而言，完全"纯净"的形式其实是脱离了日常生活，无视使用者卑微但实际的情感需求，导致一幢不能使用的、与基地全然无关的房屋。

他们声音的背景里，是罗伯特·文丘里《向拉斯维加斯学习》巨大而弥漫的轰鸣。

"五对五"（Five on Five），被更准确地形容为"白"和"灰"的对决，而不是"白"对"黑"一边倒的救赎，这暧昧的"灰"的出现，谕示着现代主义改造"混乱"纽约的雄心的最后终结——看样子，这回人们真的是下了决心，要厘清那个自20世纪初以来纠缠不休的话题了：不食人间烟火的"白"并不想遮蔽"黑"，在认定建筑师无意、也无力拯救整个城市的同时，"白"使得"布杂"一代心中的"白色城市"变得透明无物，作为视觉现象的建筑，从此成了种新颖的光学魔术；而"灰"其实也未必真的想皈依于"黑"，它们和"白"的相同之处或许要多过分歧——或多或少地，他们都承认了清晰的古典建筑体系的崩溃，而对这混乱的现实闭上一只眼。无论白黑灰，精致的语言学游戏无以确立新的经典，而日常生活中理论家们挖掘出的粗粝诗意，也不一定能为真正的普通人所认同。

但是不管怎么说，这场"白"和"灰"的对决，使得1970年代以来的西方建筑进一步混融，不食人间烟火味的"高级建筑"（high architecture），或多或少也要向大众趣味看齐。在这种大势之下，孤芳自赏的"白"自然比"灰"更加脆弱，更加难以趋同，除了埃森曼、海杜克、格雷夫斯、格瓦思米和迈耶的名字都出现于1972年的《五位

黑、白、灰。

建筑师》（*Five Architects*），这伙人其实早已分道扬镳；但是"灰"似乎也好不到哪儿去，自然而然地，他们对于"有生气的混乱"的推崇，使他们很难在这混乱之中形成一种有意识的共同诉求。

讽刺的是，这场战斗的主战场会放在纽约：无论是"白"或"灰"，都试图从纽约的庄严或通俗之中寻求灵感，但是在这座以冷静的商业计算著称的大城，厮杀的双方其实都没有什么机会。比如"纽约五"中的理查德·迈耶，1963 年就开始在纽约从业，在五人之中他没什么艰深的理论，大概算是商业化趋向较为显著的一个，但是，他新近位于佩里街（Perry Street）173 – 176 号的作品，一幢貌不惊人的商业住宅，居然是他在纽约的第一个项目。与盖里和库哈斯一样，20 世纪末的精英建筑师们终于开始合围纽约，但是这一次，他们却是通过一种低首俯就的方式，和英雄般傲慢地莅临曼哈顿的勒·柯布西耶截然不同——马里奥·科莫（Mario Cuomo）叹惋道，里根时代最持久的遗产便是缺乏激情已成寻常事。

或许，库哈斯的话不无道理——建筑不是天使，也不是恶魔，它不过是上帝遣来安顿你的灵魂的处所之一，"整齐而纷繁"的格栅城市，使得每个人都有权构造自己的世界，选择他面对外部的方式，那便是德尔法神殿里镌刻着的名言：认识你自己！

——防火梯所密密缠绕着的老旧墙壁，大都会紧密包裹的物质质地，都形成了天然的，比格栅更水泄不通的边界，使得内心的世界虽然近在咫尺，却彼此不通声息；当他们出行时，人们也用不着穿过那些精心错落的剧院，他们孤立的内心彼此间的交错，本身就是一幕幕活色生香的戏剧，在纽约，在地下铁逼仄的空间里，在峡谷般黑暗的摩天楼的深谷里，那克索斯庇护着的自恋者现在有了新的可能。

米歇尔·福柯论辩道，有一种阴暗的所在叫做"黑夜来临之处"

20 世纪建筑与语言学转型

语言学转型（linguistic turn）的直接结果便是对于语言（形式）的重新认识。在西方哲学传统之中，语言或形式只是一种外在的、对于"理念"的表达，而 20 世纪六七十年代以来的思潮，则开始强调语言（形式）重构现实的意义：符号是没有绝对意义的，意义总是在实践之中相对地产生。我们之所以知道"椅子"是一种用来坐的家具，不是因为这个语词和它的原型之物间一成不变的对应关系，而是因为我们知道"椅子"不是"桌子"也不是"床"，也不是其他所有东西——换句话说，"椅子"的意义是相对地而不是绝对地决定的（假使有一种我们不知道的文明，在他们的语言之中，"椅子"没准就是一种水果的代称）。由此，作为一个稳定系统的语言并没有前定的当然的道理，但是这种系统却多少决定了我们对于世界的认识方式。

人们认为语言学转型的根源可以追溯到 20 世纪早期的一些重要思想家，如百年一遇的哲学奇才维特根斯坦。但是，从社会实践的意义而言，直到 20 世纪 60 年代，这一思想才在西方社会发展到了高潮，在 70 年代，它的重要性得到了普遍的认可，并在哲学和语言学之外的学科和领域发生了广泛的影响。

彼得·埃森曼（1932—）正是在这种重要思想转型的来临之中脱颖而出。在建筑实践中的大多数人看来，穿着一件有个洞的黑毛衣的埃森曼多少是一个"不务正业"而富于争议的人物，他的早期"项目"大多停于纸面，意义晦涩而使人费解。在他职业生涯的早年，埃森曼更多地交往像柯林·罗（Colin Rowe）和曼福雷德·塔夫里（Manfredo Tafuri）这样的欧洲知识分子，而不是企业界的建筑师。有一个阶段，埃森曼甚至和解构主义的代表人物，一个真正的哲学家雅克·德里达进行了实质性的合作。

埃森曼对于建筑形式和意义的关系的理解和解构主义者如出一辙，在他看来建筑游戏的行进之中百无禁忌，也鲜有高低上下之分："很多设计建筑的人假定对建筑非常了解，因此就存在了现有的建筑语言。但建筑的语言是连续的，那么建筑要发展——帕拉蒂奥（Palladio）的建筑，并不比勒·柯布西耶的建筑差，他们只是不同而已。"

这种差别的取消，或许会令一些沉醉于"风格"的建筑师心灰意冷，但不确定的游戏规则并不妨碍埃森曼获得古典大师的快乐。依据诺曼·乔姆斯基（Noam Chomsky）的转换生成语法，有限的规则可以反映无限的事项，无论建构或解构，建筑领域的符号学和较抽象的语言，最显而易见的一个区别便是前者将会强烈地唤起"行动"（比如，一截梯子不仅解释一个理念，它也自然而然地呼吁使用者登临），而"行动"本身就是建筑的理由。埃森曼的早期作品，或可形容为"门不复为门，窗子亦不再是窗"，可是梁、柱、墙的相对构成关系，依然产生了一种陌生却不无趣味的空间符码，纵使它们的用途暧昧可疑，"建构"本身的兴味，不停创新又否定自身意义的周而复始，构成了探索新领域的可能。

毫不意外，如果现代主义被人们批评为生活之上僵化的绳索，解构主义的软肋便在于它似乎完全脱离了生活实际，成为一种纯粹的智力游戏，如果现代主义者是高高在上的"神"，那么解构主义便是不食人间烟火的"仙"，这也正是"灰"对"白"的攻讦。

人们相信，"白色城市"最早起源于 1893 年的芝加哥世界博览会。这耗资巨大并吸引了 2700 万人前来观看的博览会，展示了一系列"布杂"式样的仿古典建筑，这些混凝和水泥的现代建筑展示的是"现代文明的所有最高成就，所有奇异、美丽、富于艺术性和启人想象的一切"。它们的白色外观展示着它们和希腊神庙的关系（虽然后者的白色只是现代人的一种错觉），意喻一种理想主义的对于未来的憧憬，同时，也或多或少地暗示了当时代人对于工业时代严重污染的"黑色城市"的态度，因此，"白色城市"可以理解地和"城市美化运动"一类的思潮联系在一起。

休·弗里斯（Hugh Ferriss）所作的渲染图。

(darkened spaces of the pall of gloom)，它阻止了启蒙精神所期待的事物、人和真理的充分的显现，18 世纪晚期，在"进步"和"文明"的合奏中，人们已经看到，有些人天生喜欢"石头墙里的奇想世界，黑暗，不宣之秘和地牢（dungeons）"。这种对于黑暗的迷恋，本自有其确实的社会原因，罗歇·凯卢瓦（Roger Caillois）却试图将它一路降落至生物体的本性——就像那些伪装成它们背景的昆虫那样，生物体并不"从属"于空间，也不踞于空间之上，它们的直觉，就是试图成为空间中混融的一部分——和那些个突出"主体"的冲动恰恰相反。黑夜是最密实的，被填充了的混沌大块。

　　"我爱上了纽约"，琼·迪迪翁（Joan Didion）的声音，"就像你喜欢那个第一个抚摸过你的人一样"，她说。

4

西 区

> 纽约客是无可救药了，因为他们以直入云霄的罪恶为荣，但是，在布鲁克林你会感受到底层的智慧。
>
> ——克里斯托弗·莫利（Christopher Morley）

西区故事

就像美第奇家族对于 15、16 世纪佛罗伦萨城的意义一样，纽约也有自己的恩主，他们是阿斯特家族（Astor）、范德比尔特家族（Vanderbilt）、卡内基家族（Carnegie）、弗里克家族（Frick）、普拉特家族（Pratt）、斯图尔特家族（Stewart）……以及后来的洛克菲勒、摩根等等，这些如雷贯耳的名字在纽约的街衢留下很多痕迹。但是，20 世纪的美国毕竟不是文艺复兴的意大利了，2006 年末的《时代》杂志年度人物"你"骄傲地宣谕："沉默的大多数"才是新千年的主人。

这普通人的文化在上一个千年的结尾有丰厚的收获。

刘易斯·芒福德尤其欣赏这种自底层而来的智慧，它甚至使得这座城市清晨的黑暗也别具魅力：

那活儿让我不得不 2∶50 就起床，吃早饭，坐上一班第六大道的"El"到先驱广场去；靠着厨房的窗户我就可以判断出通过的轨道车是绿灯还是黄灯——即使在 10 分钟一班次的时候！——由此判断出我还有多少时间喝完我的热可可。那个时辰的黑暗和孤独给我的这段旅途染上戏剧性的情调；它甚至使一个人感到，在送牛奶的人来到之前就步入上工之途，似乎有点些微的优越感。

20 世纪后半叶，建筑学中"突然"开始涌现的一些对于"日常建筑"的激赏，乃至简·雅各布斯对于未经"设计"的社区的信心，乃至那"白"和"灰"最终的对决，或多或少，都是受了这种"底层智慧"的感染。

1956 年，哈佛大学设计学院启动了他们的第一次"都市设计会议"——那时候，都市"设计"就是都市"规划"，大学里独立的都市设计课程尚不存在——规划师和教育者们这次为现代主义城市开药方的历史性聚会，结果，却把高贵的都市规划自己送进了病房，人们开始对城市规划的前途感到困惑：为社会正义而设计不容置疑，效率和公平无从置喙，可是，那个假想的敌人（敌人在哪里？）——"落后"——并不像他们想象的那般容易定义——或者，自信满满的"程序"并不是用来砍向"落后"的利器？

雅各布斯和芒福德都列席了这次会议。

不管是在芒福德黑暗和孤独的清晨里，还是在哈佛大学的讲堂，无论如何，这种关于"设计"含义的微妙转化已经开始，高高拔起的纽约不再是铁板一块，人们意识到，理想中那个"经规划的城市"，并不总是比自然演化来的"经建造的城市"来得高明；一座城市最初的愿景和它最终的形象，纵然不是截然相反风马牛不相及，至少并不彼此混同。怪诞起自于平常，在格栅城市那些规整的方块之内，如今不但有了竖直方向里彼此冲突的形象，也有了平面上不可挽回的内部裂痕。

WEST SIDE MANHATTAN

STUDY OF PROPOSED TWO-LEVEL DEVELOPMENT
BETWEEN W. 23RD AND W. 59TH STREETS

Francis Swales

区域规划协会（Regional Planning Association）历史上所做的三次纽约西区规划建议书之一。

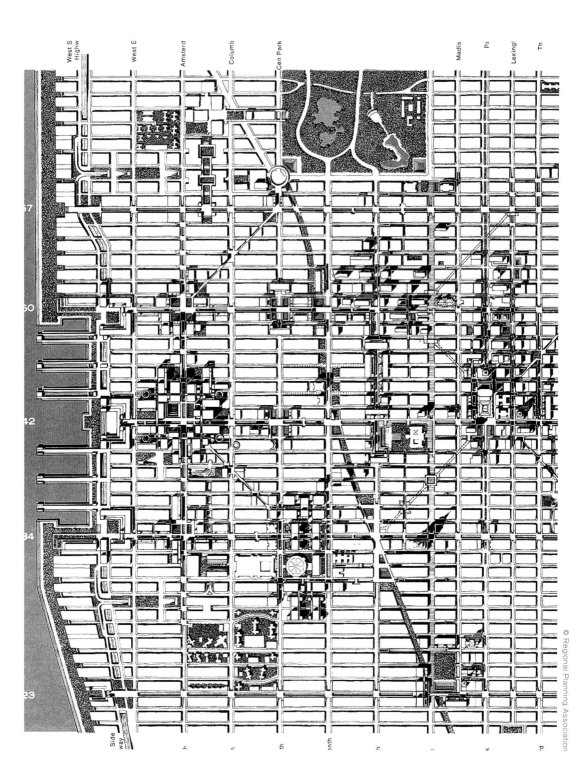

有名与无形

西南 - 东北方向的阿斯特坊（Astor Place）在纽约中下城之间是块不入规矩的地界，或可谓"零余空间"，它显露了这城市在格栅规划之前的都市肌理。"阿斯特坊"的名字来自于约翰 · 雅各布 · 阿斯特（John Jacob Astor），这个 1783 年来到纽约的小男孩，后来靠去中国的远洋贸易发家，一度成了纽约、乃至全美国最富有的人——据说，有一段时间阿斯特家族"拥有纽约城"。

1847 年，就在阿斯特去世之前一年，以他的姓名命名了阿斯特坊剧院，这"广场"也将成为高等文化的讲坛。但是好景不长，1849 年 5 月 10 日，在挤满爱尔兰移民的纽约，上演《麦克白》的剧院爆发了反英国人的骚乱，火光过后，这个任意一边都不平行的地块，最终成了下城的一个通俗去处。这里没有阿斯特先生显赫的史迹，只有俗称"方块"的城市雕塑"阿拉莫"潦草立在阿斯特坊的中央，与那些莫名其妙的现代雕塑不同的是，"阿拉莫"同时也是大众开心的对象，两个人就可以轻松将这庞然大物旋转，更有恶作剧者，用硬纸壳将它打扮成五彩斑斓的魔方。

在纽约，名人和无名间的龃龉也现身为"形象"和"结构"间的龃龉，"无名"表现为冷冰冰却简洁明了的程序，例如，第六大道的官方名称，其实是美洲大道（Avenue of America），可是大多人们还是愿意跟随那数字的逻辑，在这座民主的城市没有一条凯旋门外的、特殊的大道；在人们的脑海中挥之不去的地点，则有关难以言表的"形象"，虽然下降至极感性的层面，纽约的名胜却少有温淳"如画"的静态品质。

于是，20 世纪后半叶纽约的建筑学，便从现代主义高耸入云的废墟，坠落到那些闹哄哄的街市。

狭义的纽约"西区"有各种专门的定义，广义而言，第五大道以西的曼哈顿都可以叫做西区，它把纽约生生斩成穷富、高矮的两半。历史上，纽约的东西发展失衡没准儿首先是出于偶然：去纽约上州和新英格兰最早的邮路和火车都陆续通过西区，或许，这样一来喧嚣的大道近旁便不易安顿？还是西区原本就没能成为新移民落脚点的第一选择，因为比起东河来，哈德逊河更加水阔流急？反正，到 1892 年为止，从 59 街到 96 街之间的曼哈顿西半部还是一片荒芜，少有住家，而 96 街到 110 街之间三分之二仍是空白。相形之下，东区的密集居住由来已久，它更像传统的小尺度城市，人烟稠密，商贾云集。

接下来，就明确无误是种骨牌效应：富的愈富，穷的则愈穷。当西区人家的面积终于逐渐扩大时，不用说建成的东区居民已然势力可观，他们的既得利益，使得西区的发展愈加迟滞。1889 年，东区百老汇大街 50 号，也是纽约的第一幢钢骨框架的摩天楼塔厦（The Tower Building）建成，街面部分只有 6.5 米宽，却高达 11 层 39.5 米，这以前本有规定任何民用建筑不得超过 80 英尺（约合 24 米），然而接下来的年月里，东区的高度竞赛毫不收敛反倒愈演愈烈；占了先机的楼上

普通人

据说，苏格兰哲学家托马斯·卡莱尔（Thomas Carlyle）是"大人物"理论的发明者，如他所言："世界历史不过是大人物的传记。"可是《时代》周刊说，由 Wikipedia、YouTube 和 MySpace 带来的"数字民主"，2006 年不再全然是关于大人物的冲突，新时代的建筑师是硅谷的工程师，所谓"Web2.0"，这种新技术可以将千百万人微不足道地凑集一处，使它们举足轻重。如今，我们"可以从波士顿、巴格达乃至北京的新闻来源之中，平衡我们信息的膳食"。如果你要了解普通美国人的生活，那么你可以在录像中看到无数"真实的、不经伪饰的房间"，而不是那些经过精心修整过的、闪亮的城市的图片。这种嘈杂的"数字民主"之中的英雄是"你"，一个普通人。

客，异口同声地反对西区再起大厦，因为这会挡住他们事实上已经独享的天空和阳光。

于是，当纽约东边的金融区高楼林立商业蓬勃的时候，曼哈顿有一片永远是平的——像是吃了催眠药的"时间胶囊"，贫民区的破败、肮脏、混乱和富人区的摩登、奢华和整洁恰成对照，但是这泾渭分明的两半的区别还不止于表面。用功能主义者的术语来说，东区那一摞摞高拔的盒子，是更正经八百的生活直入云霄的堆栈，而西侧像是它们的"伺服区域"（service area），仿佛在水平方向上，一排排沿着交通线散列密布的货柜——自然，有思想的"头脑"往往密致而集中，在它的坚实的外壳下面聚成块面，而散漫的"肢体"则时时划出纷乱运动的轨迹。这种沾染了道德优越感的弦外之音，转而伴随着寻常人都能领会的通俗画面，对应着两种不同的都市形态：

体面人整饬的大厦……它们严格地遵守着格栅的桎梏，有着中规中矩的、闲人莫入的公共边界，而神出鬼没的十六七岁小流氓，则蹬着轮滑在各色大小公寓之间，以流窜作案和破坏公物为乐……

虽然从来没有另一座"柏林墙"，在历史上，纽约的统治者们经意地维系着东和西之间看不见的界限，1930 年代以降纽约真正的教父罗伯特·摩西，在这方面做出了一个生硬的"榜样"。大概为了讨好当时的纽约市长，严厉的"小花"拉瓜迪亚，他特意给市长居住的东哈莱姆建造额外的游泳池，为了让西哈莱姆的有色人种远离这游泳池，摩西秘密地命令白人警卫：不要加热游泳池，据说黑人和西班牙裔喜欢热水，如此，冷冰冰的池水便可以让几个街区外的穷鬼们知趣地"远离白人的地盘"。

1950 年代甚嚣尘上的麦卡锡主义，给强人摩西的东西隔离岗提供了天然的哨兵，可是谁也料想不到以后的事情，排山倒海的民权运动，使得低收入的有色人种昂首挺胸地移入白人社区，20 世纪六七十年代变成了自命正统的白人大量逃离纽约（white flight）的时分。这城市的光景一度变得如此之差，以至于1975年萧条的纽约市甚至申请破产，如果不是联邦政府最终伸出援手，真不知道它将何以为继。

　　写到此处之前，我们的城市多半还要归功于大师或巨人，不管是金融帝国的数字"建筑师"，还是那些描绘美妙蓝图的人，创始一个计划或过程的人们，永远要比那些默默无闻的实际操作者来得声名卓著；哪怕是在地下的黑暗世界之中，穷人或大众也只是扮演着起哄或旁观的角色，无论是懵懵懂懂的初来者，还是茫无头绪的体力工人，对于摩根、洛克菲勒那样的金融寡头和高高在上的摩西们，他们的声音似乎还只是耳边风。纽约市在战后推行的一系列大规模的市区改造，罔顾一般人的利益和情感，英雄史诗般的"公共计划"并不着意于小尺度上的悉心梳理，而是大刀阔斧地开膛破肚，普通人如果不情愿搬走，就得忍受这种大手术的灾难性后果。

　　然而，在西区的戏剧性兴起之后，这种糟糕的情况得以改观。

　　使得铁心肠的决策者们改弦更张的，不是革命的胜利，而是文化的凯旋。

　　差不多世界上所有的城市都有贫民窟，西区的兴起却不仅关于贫民窟，不用说，这里面有复杂的金融历史和政治角力，对应着"白"和"黑"之间的暧昧，是1930年代以来兴起的社会中间势力，虽然初来时几乎一无所有，这些"中间人"的身份已经很难用"穷人"来概括。最为引人瞩目的一群，是两次世界大战间涌入纽约的东欧犹太人，1939年的《财富》杂志描述这些于郊区生活素无兴趣、却对都市风光兴致勃勃的异乡人："他们有他们自己的标准，但漠然于社会特权……这些人的身后，是起于寒微的一代人，他们构成了城市（未来）的生活。他们不仅仅与这城市结缘，并且知道如何从中获取最大的利益。

纽约西区开发的一个重头戏就是将原先的区域铁路改建为"高线"（High Line）公园。

他们比常青藤联盟还要乐于各种文化活动，剧院对他们来说不可或缺，他们孜孜不倦地培育了从饕餮到音乐的各种趣味。"

这样一些人纷纷涌入的西区究竟是什么样的一个地方？那是亨利·门肯在都市喧嚣之中独守心灵"荒芜"的世界，是天才的诺曼·梅勒竞选纽约市长失利却又刺死他妻子的所在，那儿，你可以找到哈德逊河码头、股票交易所、博物馆、百货商店、私立学校、图书馆、运动场和餐馆……五花八门的去处。那里曾经聚集着一堆受歧视的"黑暗城市"中的居民，特别是犹太人、西班牙裔和黑人，而今，他们中间的某些人已经成了当代文化的领军人物。我们用不着去追索格林威治村里面那些名人的足迹，只要算计一下有多少建筑公司、酒吧、剧院、音乐厅……选址在纽约的西区，你就会明白这座城市近半个世纪之中的变化。在那里，你将发现寻求别样情调的白领、外国移民和避难者、新来乍到的年轻上班族……

在战后最初的年月，这种令人眼花缭乱的多样性是痼疾抑或时尚，一时尚难断言。但西区在通俗文化之中的最终崛起，最终定调于伦纳德·伯恩斯坦（Leonard Bernstein）1957 年创作的音乐剧《西区故事》。四年之后，这部音乐剧被改编成电影，并且获得 10 项奥斯卡奖，一时间"西区"名声大噪。有趣的是，这部名为《西区故事》的戏剧最初的场景却是设置在东区，后来，编剧决心将它转移到一个"更切题"的所在：一片来自加勒比海地区的拉丁移民和中下收入白人混居的区域——这变动绝非偶然，在片中，人们第一次看到，原来破敝的船坞、锈蚀的机器、零乱的废料场，甚至是废弃车间改造成的小杂货店，也可以成为伟大戏剧的舞台。

——体面人，他们从整饬的大厦的窗口吃惊地观望着这舞台上发生的一切……

自由女神向哈德逊河边贝特里公园城的犹太人博物馆挥手致意："……这些人的身后，是起于寒微的一代人，他们构成了城市（未来）的生活……"事实上，未来的生活已经尘埃落定，由河滨码头改造来的贝特里公园城，不复是起于寒微的象征。

© Thomas Hinton

缙绅化

缙绅化泛指都市改造之中，低地价的破敝街区更新、修复为高地价的时尚街区的现象。缙绅化通常伴随着新的高收入居民代替原有低收入居民的现象，产业税和生活维持费用的提高，迫使原有居民迁出改造地区，这常常成为缙绅化的反对者对其进行批评的理由。

《西区故事》的情节与莎剧《罗密欧和朱丽叶》惊人地相似。故事本身并不复杂，只是维罗那家族的古老恩怨，在曼哈顿变成了西区两个街头匪帮神出鬼没的十六七岁小流氓间的纠葛：

晚上九点 高速公路下

死胡同：朽烂的石灰砖墙和铁丝网。一盏街灯。

夜晚来临了。匪徒们的剪影从两旁潜入：他们攀援而过铁丝网，从墙洞之中钻进。他们在空场之中悄无声息地列开阵势，然后伯纳多（Bernardo）和迪塞尔（Diesel）脱下他们的外套，递给各自的老二：基诺和里弗。（第九幕）

旧大陆的罗曼蒂克和快意恩仇都不稀罕，稀罕的是这故事的舞台从室内移到了室外，因崔巍的大厦而骄傲的纽约天际线，第一次沦落为故事的配景而不是主角。阴森森的城际高速公路下，露出破败无人的仓库，分明是功能主义者在曼哈顿的水滨里种下的毒瘤，可是第一次，摩西新政的恶果有了些许积极的意义：路灯下那刺目的彩色油漆凸现出的，不是"美化城市"的装饰，而是码头工人大咧咧的行事风格，当模糊的光影摇曳在覆满涂鸦的破墙上，一切都是那么恰到好处，就连匪帮的打斗也成了扣人心弦的舞蹈。

——转瞬即逝的人物去来，流露出了那个高拔的纽约不可能有的某种"随处即兴"的诗意。

不要忘了这绝不是街边小戏，它是登堂入室的现代版《罗密欧和朱丽叶》，而为这生活化的音乐剧如痴如狂的，也有无数的"主流"观众，对他们来说，它是刘易斯·芒福德欣赏过的底层来的智慧，那转瞬来去的不再是匪帮的打斗，而是凌晨 2：50 的绿灯／黄灯的变奏——它有着 10 分钟一班次的、机器调控的精确性，由此甚至可以判断出

"还有多少时间喝完……（作为早饭的）热可可"，但是，它发生在
"送牛奶的人"——这个城市官方的秩序——来到之前，因此，那个黑
暗和孤独时辰的戏剧感和这种舞台的原来用途无关。

《西区故事》之后的年月，工厂里用来储存原料和工具的储藏室，
上面涂着斑驳油漆的粗大钢骨和铁丝隔板，一转而为时髦的室内装修
元素，直到库哈斯在 SoHo 的普拉达专卖店依然可见其踪迹。

车尔尼雪夫斯基说：美即生活。

奥斯卡·王尔德说：生活模仿艺术。

西区说：生活和美无关，它也并不"模仿"什么。

——在纽约现代美术馆（MoMA）现代艺术家们高深莫测的"现
成品"里，"生活"和"艺术"之间原本鲜明的"画框"突然踪影全无。
现代主义之后的建筑师们则说："程序"不再导致"形象"，现在"程
序"本身就是"形象"。

原本为社会改革者们弃之如敝履的西区，如今却成了浪尖峰顶上
的别样时髦，这浪潮不仅仅带来蓄意的粗野主义，也带来几乎所有文
化领域内的里外颠倒，这种俗称为"缙绅化"（gentrification）的变形
虫病毒，对"空间"熟视无睹，它的眼中只有一块广袤的、无边无际

现代美术馆

MoMA 建馆以来历经几次比较大的修改，在菲利普·约翰逊手里的修改，奠定了它现代主义经典的地位，而
西萨·佩里在 1980 年代的修改，则为它打开了面向未来的通路。谷口吉生最新的改建，包括一幢拥有 125
000 平方英尺展览面积和一个 8 层高的新的教育和研究中心的美术陈列馆。同样是现代艺术的大本营，惠特
尼博物馆的新馆 1964 年修建，建筑师是包豪斯一脉，大名鼎鼎的马塞尔·布鲁尔，从开馆伊始，这两座同城
的博物馆便形成某种有趣的竞争关系。

建筑无疑是现代艺术中最为人们所熟知，既有高贵血统，也最具资本的震撼力的一种，自然为早期 MoMA 所
不能或缺，由于洛克菲勒家族的交游，从草创之初，这座博物馆就得到多位名建筑师的眷顾。

西区的罗密欧和朱丽叶通过防火梯互通心曲。

延展下去的"表面",它无声地侵入这表面的每一个角落,无论是上下还是东西……就连传统上"高等文化"体制内的机构也不能免疫。

大多数人们并不知道,如今大众文化象征的 MoMA 原本有着一个私人的、贵族的出身,特别是它和洛克菲勒家族千丝万缕的密切关系,冰心笔下那所"太太的客厅"正好拿来解释这座博物馆的创办。1929 年,它由三位纽约社交界女性名流莉莉·布利斯(Lillie P. Bliss)、玛丽·奎因·沙利文(Mary Quinn Sullivan)和阿比·奥尔德里奇·洛克菲勒(Abby Aldrich Rockefeller,洛克菲勒夫人)草创。在现代主义依然是属于一小部分人的"革命"的那个年代,与时俱进的菲利普·约翰逊是现代美术馆建筑陈列的灵魂人物,由他亲手缔造的 MoMA 一度拒人于千里之外。然而战后数次重大的调整,却使得这个原本自我封闭的博物馆终于和自由女神像一样,成了通俗大众和观光客的恩物。

最近一次日本建筑师谷口吉生担纲的改建,使得 MoMA 的通俗声名上升到极致,MoMA 馆方将票价从 12 美元调到 20 元,涨幅几乎呈倍数上升,但是抗议的终归是少数,门口排队的依然有大批人群,历史上,或许没有哪个以现代艺术为主题的博物馆获得过像 MoMA 这样的声名,尤其是它的"展品"实际上和"生活"本身区别不大。

——类如《西区故事》里所见的寻常物件,如今是文化殿堂的永久藏品,而"建筑"本身——包括 MoMA 自己——亦破天荒地成为陈列的对象。虽然那不着一物的抽象绘画颇费思量,"画框"和"画"的区分不甚明晰的装置作品也让大众莫名其妙,但这所博物馆前每每排起长龙的购票队伍,依然是中城最时髦的风景。

就像对于"框外之意"曾经不屑一顾,从前你似乎也不曾把这些衣着随意的"劳苦大众"和"文化"两字相联系,但是,想想从哈莱姆走出的珍妮弗·洛佩兹,再想想初次来到曼哈顿上城的麦当娜……

如今没有人会再怀疑西区不可逆转的胜利。

耐人寻味的是，在这由东而西的深刻转变之中，建筑师扮演了无能为力的角色。

曾几何时，以勒·柯布西耶为首的精英建筑师们一厢情愿地试图为"人民"建造。勒·柯布西耶等人在世界各地奔走，尤其寄希望于欧洲之外的美国和第三世界能够应和他们的呼声。1928 年，在瑞士拉莎拉兹城堡（Chateau de la Sarraz）创立的国际现代建筑会议（Congrès International d'Architecture Moderne，CIAM）由 24 名建筑师签署的宣言，却没有一名来自美国的建筑师参与其中。玫瑰色的"作为社会艺术的建筑"与投机资本家疯狂逐利的痴想，或是"下等人"无节制的狂欢，都本无关系，它们之间的脱节从 CIAM 这组织的法文缩写就可窥一斑——尤为讽刺的是，1959 年，这个寓热望于大同世界的组织，却因为勒·柯布西耶拒说英语为导火索而不欢而散。

欧洲的现代主义建筑师在美国城市的水土不服，象征性地预示着城市设计领域里精英姿态的尴尬：在纽约这样的超级大城市之中，它既不能餍足企业家对于效率的无止境追求，也无法最终调和大众文化的政治议题。

CIAM 第四次大会提出的《雅典宪章》95 条，重申要借重"理性的精神"，依赖"技术"来解决"黑暗城市"以来的城市病，他们开出的药方比如兴建高大型层居民住宅，比如执行严格的区域规划，比如让住宅区和交通系统相分离，比如悉心保护历史区域等等。在第二次世界大战后"婴儿潮"的人口压力下，为了纾缓"公众"和"私人"之间逐渐绷紧的边界，经过一番挑剔的审视，纽约的强人罗伯特·摩西让勒·柯布西耶理想的一部分变成了现实，1950 年代在布朗克斯的大规模公共项目之中，CIAM 的招牌"四原则"（居住、工作、休闲和交通）的有机布局可见痕迹——然而，在纽约西区，大众主义却导致另一种更显而易见的结局：西区的崛起逐渐压倒了对"理性的精神"的崇拜，成为当代资本主义的新宠；"小人物"——准确说来，是"灰"色的中产阶级——在政治上的强大，使得勒·柯布西耶冷调的"国际风格"化作了使人生厌的文化毒药。

这还是那个帝国大厦统治着天际线的纽约城——雄心勃勃的政治强人或开发巨头，依然不乏主宰普通人命运的企图——但是，一夜之间，他们惊异地发现，要改变六七十年代西区崛起以来的城市地图变得谈何容易……

今天的纽约客俗称"穴居人"（cave people），雅号"反对一切的人"——更形象点的解释，在一个号称民主的社会里，当确信自己的教育水平提高了的时候（特别是半高不高的时候），一个人便难得发自内心地同意点什么意见，倒是反对，毫无条件的反对，更能体现出他存在的价值。虽然不妨在此久住，纽约客却以海明威说过的那句话为座右铭：纽约只是一个只适合短期停留的城市，一切都是个人化的、临时性的、"随处即兴"的，因此，他们不再垂青任何"权威"的豪言壮志，不相信他们花言巧语里许诺的地久天长。

刺儿头的纽约客，不仅使得 CIAM 那样的精英建筑师知难而退，即使为"日常建筑"张目的"灰"派建筑师，写出如同《建筑的复杂性》的文丘里一类人物，也不得不承认，那种后现代主义者竭力推崇的多样性，其实难以在建筑学科的框架里得到实现——墙倒众人推，再找到一伙砌墙的却不易——像水银泻地般漫无头绪的新城市文化，使得任何"总体"和"大型"的布局都变得举步维艰。

渐渐地，类如《西区故事》那般破旧的外表，已经不再是凋敝生活的天然产物，个性与差异往往只是有意维系的假象；有时候，这种多样性是政治妥协无可奈何的结果，有时生造的"闹哄哄的生气"则代价高昂——无论在哪种情形之中，建筑师都不再是爵士时代造起帝国大厦的那个文化英雄了。

那个所谓的"普通人"呢？他是否有了比以前更多的自由？未必见得。世上独一无二的"他"会坚持认为，"设计"永远是自我的，这就是他心目中自由的意义。为了不再"为房东工作"，把每天工作12个小时挣来的辛苦钱都交了房租，曾经打算只是"随处即兴"的"普通人"开始严肃地考虑在曼哈顿买幢房子，以获得彻底的自由。虽然在华尔街打拼的他绝不是真正意义上的穷人，在寸土寸金的小岛上，他却没有太多适意的选择：不愿住混乱的哈莱姆阴森森的鸽子笼？也没钱在上东区买套朝向中央公园的宽大公寓？那么，自己动手在西区翻新一套旧房子吧，至少，这样还可以享受起码的阳光和空气。

对于那些愿意翻新而不是重建西区的小企业主们和白领阶层们，1955年通过的J51纳税条例逐渐为曼哈顿的另一侧带来了格外的吸引力，从1950年代开始，"旧"和"新"的别样变奏逐渐随风入耳。

律师亨利·罗斯布拉特（Henry Rothblatt）听说他在东区的房租将上涨四分之一的时候，决定在西端街（West End Street）232号买下一幢房子。1967年，75 000美元便可以在西区买下一幢四层的有地下室的美国式房子，然后花差不多同样的钱进行翻修。他们将底层的房子供自己用，上层则用来出租，虽然来回折腾了一通，粉刷完毕之后，房子看上去也还不赖——最重要的是，这是时髦的自助年代（do it yourself）里自己经营的房子。

从外表上看，谁也不会知道西区那些五光十色的住宅楼主人的身份，人们甚至也不太容易判断那些建筑是住宅楼：不管从前是旅馆、公寓或库房，统统是一楼零售、二楼办公、三楼住人……这些低矮的旧建筑的新功用，往往被彻底地"混合使用"了，其间几乎没有正统建筑学里的逻辑可寻。厚实的"战前建筑"好歹还讲究些质量，像欧洲住宅那样，老大楼用的是分体式的钢骨结构，混凝土楼板上往往加覆一层沙子，使得改建后的居住隔音良好，可是第二次世界大战后建起的粗劣建筑，常常在过去 10 层的高度上容纳了 12 层的空间，加上它们用的是光板的加强混凝土，有着统一化的结构，改装后的效果便不一定真的远离尘嚣。

"功用"缩水的时候，往往要靠"形象"来补偿。

美观、整饬的"花园城市"的 19 世纪末理想，与这样临时拼装的纽约不啻天壤之别，在人们赞美西区的纷繁与热闹的同时，这市井的粗粝和喧嚣也历练着纽约客的心灵和神经。对于那些深夜拖着疲惫身躯下班回家的西区住客们而言，20 世纪七八十年代他们的社区不仅仅是"世界的十字路口"，那片嘈杂也意味着让人心跳加速的诱惑和危险。西区的心脏，也就是闻名遐迩的 42 街—时报广场的名誉，就这么和"野性、邪性加俗艳"（naughty bawdy gaudy）联系在一起。

与人们通常的印象相反，在 20 世纪初叶以来纽约西区的有组织犯罪中，并没有太多赤裸裸的凶杀，真正的黑帮头子绝不骚扰一般人的

DIY

20 世纪 50 年代以来，"自己动手"（Do It Yourself 或 DIY）逐渐从一种商业模式，成为一种新的社会关系的图解。阿兰·沃茨（Alan Watts）解释说，那是因为 DIY 给了脑体分离、术业有专攻的现代社会一次重新"及物"（material competence）的机遇，劳心之人高踞于广大劳力之人的金字塔，已不再建立在抽象思考和具象工作的区分之上。

20 世纪 70 年代，DIY 和建筑中的后现代主义共同席卷北美，一方面，是工具的便捷（access of tools），随着计算机图形设计的发展，设计师在"形"这一方面的霸权，渐渐为一些沉浸在工具快感中的毛头小子撼动，太阳之下已无新事物，现代主义曾经的大胆创意，成了企业化设计之中新的陈词滥调，各种层出不穷的花样，又使得"创造力"的标定变得格外艰难。

另一方面，尽管对"设计"的个人理解已越发便捷，建筑设计中的里程碑式变革，却迟迟未曾到来——这一次，也许它永远也不会再来了。在城市设计之中，至少表面上"民主"的、各随其便的过程，比一个确定性的目标更加重要。顺应大众主义的设计，从此摇摆在"形象"和"程序"之间。

时报广场，世界的十字路口。

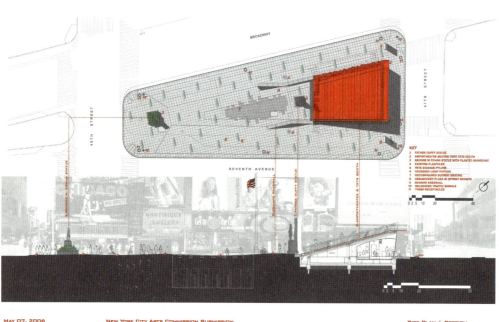

杜菲广场（Duffy Square）—时报广场项目。

生活，只有小流氓才动不动在街边抢你两毛钱。不愧是曼哈顿的流氓大亨，他们都居住在华尔道夫饭店这样的地方，通过经营赌博、卖淫、买卖私酒和其他非法生意来获取可观的利润；更能代表西区的"野性、邪性加俗艳"的，其实是这些"没有受害者的犯罪"，每个人都意识到它在那里，它向每一个渴望堕落的都市倦客递过诱惑的眼神；但是，只有内行人才能在刊登接客广告的《村声》（Village Voice）一类免费杂志上，找到暧昧词句里的蛛丝马迹。

爵士时代，西区的站街女就已经闻名遐迩，战后的 60 年代则到了"明尼苏达脱衣舞"大行其道的时候，到了 70 年代末的时候，曼哈顿西区已经是臭名昭著的红灯区，每年有高达 5 亿美元的"产值"，全纽约市的 25 000 名妓女有 95% 都在西区。在纽约前市长朱利亚尼下决心整治时报广场——"零容忍"——之前，中城一带是父母绝不让孩子们靠近的地方。到了 1995 年，时报广场附近似乎变得相对干净了，不过，人们有理由怀疑一切是否真的已经销声匿迹，因为互联网接过了这一棒，一种没有动静的"数字色情业"正在蓬勃兴起——

有人统计，今天整个互联网的广告业大半都是靠这不名誉的产业在支持。霓虹灯招牌——旋转的"发廊"标志——加上暧昧灯光下的彩色玻璃窗，本是传统色情业的标志，但是纽约最新的"妓院"在物理形式上和一般住宅没有差别，有时，反倒是最该体面的机关如今显得分外妖娆。

随着霓虹灯或其他那些五光十色的"装饰性的棚子"被接受为"日常建筑学"的寻常手段，传统城市的"表"/"里"关系正在剧烈地松动。逐渐地在这城市中，人们很难分清楚有组织的色情业和蓄意越轨行为的区别……

超级大都市的生活，或许本身就是诱惑与满足诱惑的周而复始的过程，在纽约这样一个找不到田园之"家"的地方，只有旅客和房东，却没有传统社会里的宗法和礼俗，也没有真正社区赖以凝聚自身的约束力。早在大萧条年代，东区的体面绅士们便已经开始在西区买下房子，供养他们年轻貌美却无一技之长养活自己的情妇，波莉·阿德勒（Polly Adler）写过一本著名的书叫做《不是家的家》（*A House is not a Home*），在那里，"二奶"们从不用担心同是租户的邻居们会怀疑那个常进出的神秘白发老头和她的关系。

因为在纽约绝没有人在意你的婚姻状态。

新技术的发明也为色情业成为新意义上的"本地"商业提供了可能。西 72 街曾经见证过一个诨名"五月花"的欢场明星，她真名西德妮·比德尔·巴罗斯（Sidney Biddle Barrows）。作为电话应招的"楼凤"，类似于西德妮的妓女不会在大街上抛头露面，和老主顾们谈天说地；她们靠的，是以各种各样的半地下媒体和种种半真半假的都市传说树立起来的"品牌"——不管人们相信与否，"五月花"坚称自己是 1620 年到达普利茅斯的新移民的后代。

《村声》至今还在出版，卖淫虽然非法，但是并没有相应的法律可以禁止类似的杂志刊登些"指压按摩"、"温柔可人"的暧昧广告。为了保证安全，这些妓女从不公开她们的电话，也不和人直接交易；她们住在外表普普通通的公寓楼里，每次有"主顾"上门，她们都会用望远镜观察来客，用安全系统审视和打发陌生人，用无线电话遥控他们进门。警察对于这样的妓女是很难警觉的，因为几分钟前床上的荡妇，出门一转眼就变成了清纯可人的邻家女孩。

《西区故事》的意义不限于曼哈顿西区——纽约的发展迟早会指向这片小岛之外的区域，不止是 hippy 的布鲁克林、被体面人看低的皇后区、哈莱姆那些破敝的"褐石屋"、充满危险和诱惑的犯罪街区，甚至里面散发的臭味和街头的零碎，都将成为欣然的开发商可资利用的文

"野性、邪性加俗艳"：西区在 20 世纪末的迪斯尼版本——西 43 街的威斯汀旅馆（Westin Hotel）。

化资源，让初入城市寻找别样生活的年轻人欣喜若狂。在这个意义上，"西区"和"黑暗城市"一样，并不纯然是一种截然的地理划分，它更多地只是一个隐喻，一种既新鲜又暧昧的人生经历，类似地，欧文·伯林（Irvin Berlin）说：每个人在他的生命中都应该会有一个纽约下东区。

塞壬的歌声在茫茫人海之中消失不见。

"到处都是唐人街"

暧昧混杂的西区异军突起，它使得纽约 20 世纪的发展史不再一味峻嶒醒目……漫步在今天的纽约，偶尔有几座最新式的大厦，扮相奇特，高耸入云，足以打破旧日摩登的壁垒，但最引人注目的，依然是街面上熙攘嘈杂的光景——有两三个鬼鬼祟祟的小贩，他们一边向行人兜售着来路不明的手机充电器、丝巾和 DVD 光碟，一边胆怯地四处张望着可能来找麻烦的警察——他们好像是地铁里见光死的"老鼠人"，在西区崛起的那会儿，冷不丁地出逃到了地面上；庄严闪亮的钢铁和玻璃是这幕活剧的背景，空气中飘满廉价却活跃的气息。

在接踵而来的年月里，这些气息随风四散。

"到处都是唐人街"，今天，这句针对中国高速建设的揶揄，用在纽约 20 世纪最后年月的发展史上倒也切题。

中国城，或唐人街，原本只是曼哈顿下城东区一小块区域，它和贫穷与奇观联姻的历史并不冗长。在 19 世纪末，排华暴力在西海岸上升至顶峰，使得修建太平洋铁路的华工向东岸移民，中国人开始大批涌入纽约，那时他们的落脚点和横跨大西洋的欧洲移民们并没有什么不同。勿街（Mott Street）上，很快开了一家叫做和记（Wo Kee）的

1900 年左右，中国城附近的茂比利街（Mulberry Street），在那一刻大街上有全部的生活：

——不像讲究的大厦把不总需要的部分藏在侧面，租屋的两个出口——正常出入和防火梯都冲着大街，情感和理智需要抢夺紧绷绷的街面；

——衣服是晾在室外的，"从每家每户窗中密密麻麻伸出的晾衣竿，谕示着一场和肮脏、贫穷和疾病做斗争的无望搏斗"；

——行人和马车理论上使用同一条道路；

——路的两侧和人行道同时也是临时的仓库，停下来的马车也用作柜台；

——在一瞬间，这张照片的摄影师同时吸引了近 50 个人（包括右面阳台上的那个人）。

小杂货店，那里的东方面孔和奇怪货物，招来了纽约客和同样贫穷的欧洲移民的好奇，紧接着，是华人经营的洗衣店、餐馆雨后春笋般地涌出，四邻们紧蹙的眉头下慢慢流露出不友好的目光……1882年，美国政府开始逐步实施长达半个世纪之久的排华法案，收紧了对于各大城市中华人人口比例的控制，该法案直到1943年才因太平洋战争有所改变。而人权运动高涨的1960年代，带来了对于亚裔移民政策的重新检讨，如潮水般涌入的黄色面孔最终成为纽约不可忽视的一部分。

今日中国城的面貌后面有着一部奇特的"城市"历史，虽然名字叫"城"，它其实是赫伯特·甘斯（Herbert Gans）所说的典型的"都市中的村庄"（urban village）。虽然，彼时的曼哈顿下城广泛分布着同样一无所有的欧洲移民，比如一些从老家省份来分区居住的意大利移民，比如一些聚居于布鲁克林的俄国人，比如常常租不到房子的犹太人，但那些在文化上处于劣势的异乡来客，往往却不得不坐守愁城，笑在最后；事实证明，那些迟迟不能融入新的都市环境的人们，时常更强烈地依赖于农业社会式的血缘关系和人际网络。

在"都市中的村庄"，他们身处的物理空间的重要性退居第二位。

"中国城"（Chinatown）的"城"，时常把人们拽回东方都会／村庄的图景：

——边界。这个晦暗的、破败的却自给自足的城中之城，北邻运河街（Canal Street），东至包厘街（Bowery Street），南抵窝扶街（Worth Street），西达巴克斯特街（Baxter Street），虽没有真的城墙卫护，却和它周遭的天地胡越暌隔。

——血缘。1898年，在曼哈顿唐人街有4000个男性华人，却只有36个女人，排华法案使得调节这种奇怪而可怕的性别失衡遥遥无望，令这个社会虽生犹死、气息奄奄。今天，唐人街的"街"，乃至它的街边经济，却有大放异彩之势，它得益于不断增长、而且是由血缘关系紧紧地牵系在一起、成团拥入的外来人口。经过福建偷渡客的"艰苦奋战"，唐人街已经逐渐溢出了它的传统边界：运河街以北和唐人街毗邻的"小意大利"里的意大利风光，有点岌岌可危的势头，中国城蚕食着周边的意大利社区，以及西边的前东欧社区，下城的贫民窟中已经看不到犹太人的影子，它扩张的东缘一直指向曼哈顿桥和东百老汇。

　　——乡土。乡村和城市的风景不同，城市中的风景本是乡土出身的一种文化表达，在真正的"乡土"之中，这样的表达却显得多余了。无论是现今还是往昔，"中国城"的"中国"出身其实都颇为可疑。这里的社会生态有着东亚大城市常见的混杂，却独不见正统中国社会铁板一块的精英，也没有"满大人"（Mandarin）旧式的品位和唯我独尊，它的恣意发展甚少考虑、甚至完全不考虑"风格"的因素。现存的唐人街建筑大部分落成于1870年至1910年左右，可是远在1870年之前，中国城地段的城市结构和建筑样式已经尘埃落定，中国城的"风格"和"中国"原本没有直接的联系，在长达一个世纪的时间里，它和中国本土的文化发展之间也几乎没有任何沟通。

　　中国城的发展同样无视纽约本地的建筑条例。围着地下经济生成的血汗工厂和服务业，雇佣的是极其廉价的劳动力，他们大多是不见光的偷渡客和漂泊者，在善于盘剥的老板们的眼里，不需要任何体面人的生活和工作环境。中国城的建筑逻辑里，充斥着即使是西区住客也要咂舌的灵活性，原本是仓储的地下室可以装修成发廊，结实笨重的街面家具也不妨改造成小饭馆里经久耐用的茶座，这好像种地的手卖馄饨别有风味，终年露天劳作的面孔，竟被错看成了对日光浴的爱好，但在从中国大陆大批进口厨师和"正宗"文化之前，没人知道这种错置是张冠李戴，还是异国情调。

　　如果说，过去这种廉价是生计蹇促的象征，今天，它至少离时髦已经不远了。

李行健 摄

毗邻中国城的"小意大利"。

中城的水果摊，苹果香蕉是可以一根一个卖的。

橱窗内外的人们卖的是同样的东西吗？

中城的爱尔兰酒吧。爱尔兰曾经是灾荒年的象征（1845—1849 年，大量爱尔兰移民涌进纽约），现在不是了。

那些热衷于在混乱里看出天堂的理论家们，千万不要急着下什么高妙的结论——唐人街的逻辑就是没有逻辑，任何"原则""发现"都保不准会在什么时候，让它的始作俑者大跌眼镜。

例如，唐人街并不一定是低矮的，就在它偶尔向上一露峥嵘的时候，1970年代的纽约看到了一幢中国式的摩天楼"孔子大厦"（Confucius Plaza），它包罗万象，共计有762间公寓房，55 000平方英尺的零售业，7500平方英尺的全日看护中心，230个车位的车库，甚至还设有一所可以容纳1200学生的学校。在比真人还高的孔子塑像的注视下，刹那间，熟悉了运河街边腥臭鱼市的纽约客们，会怀疑他们是否还是身处唐人街，可这怀疑终究是短暂的——这扶摇而上的超高层无疑也很"中国城"。

在纽约，中国城式样的都市主义并不仅仅意味着廉价，事实上，它完全可以利润可观——据小报上半真半假的消息说，需要300 000美金才可以搞到一个纽约大都会博物馆北边的摊位，那儿的风水好到即使光卖热狗和苏打水也只赚不赔——看着眼热的"体面人"，因此曾经提出"人行道摊位修正法案"，要对一直允许的占道经营加以"有条件的限制"——要是在"城市美化运动"的年月，这限制一定顺理成章，但到了今天的纽约却惨遭否决。理由是，对于"占道经营"的取缔，将使一部分新移民、小生意从业者的生存权利受到可想而知的损害，从而损害这城市招牌式的蓬勃生气。

问题是，在纽约，这种东方游击队式样的临时街道经济，到底是否能够补益大爷大妈式的小杂货铺于（Ma and Pa stores），或是梅西（Macy）这样的传统百货商店，乃至于沃尔玛（Wal-Mart）这样的巨型廉价"销品茂"，给城市带来更多的活力？

城市经济学家们尚无定论。

也不要小看了这片繁乱街市的复杂性。即使是形而下之事往往也自有它的逻辑。尼莎·费尔南多（Nisha Fernando）参观了中国城之后，情不自禁地拿中国城、小意大利和斯里兰卡首都科伦坡的"吃"进行了比较。同样是闹哄哄的一片热气，热带岛国都市的人们很少在室外用餐，卖吃食的摊子可以摆在外边，但吃饭本身却是一种不对外人的私密活动，不宜公诸于市；在纽约，"小意大利"餐馆的酒桌不妨在人行道上排开，然而一尘不染的白桌布和侍者讲究的穿着，骄傲地宣告自己不同于大排档的身价和文化深处的骄傲——在他们看来，"吃"可以是一种英雄式的行为；相形之下，中国城不仅仅是餐馆也是菜市场，某些时候它的龌龊还予人以更不好的联想，对那下水道旁心满意足地喝着馄饨汤的食客而言，从吃到排泄的过程简直就是生活的全部。

在中国城商业压倒生活，或者说，唐人"街"的生活整个儿就是一条商业街，卖和买的交换成了这世界里的一切，眼和口的餍足，置换了对于空间的冷静的想象。在这座小"城"里，几乎没有任何正儿八经的纪念碑，唯一的一座是纪念第二次世界大战中牺牲的美国华人（Kam Lau），可是上面民国闻人于右任的题词，已经淹没在无数商店的招牌字号里了——在唐人街，纽约客们足不出户，就可以对于另一种都市主义的前途有种切身的印象，这种无"类型"但有声色的都市主义，当它臻于佳境时，即便被后现代主义者视为圭臬的时报广场和拉斯维加斯，大概也是自愧莫如。

纽约客喜爱的是这种被有意错解的"中国"。这"中国"自然和当代真实的中国不一样——和遥远的（启蒙时期欧洲人心目中的）中国也不一样，对于那些穷极无聊的看客们而言，唐人街正是一个微型的动物园，周末冒险的好去处，它既近在咫尺，又那般遥不可及。

在一片空前的混乱之中，孕育着比格栅更多样的个人化的可能，有更多的戏剧性，充满看与被看、蓄意迷失、自我表演的可能，它将摩天楼和地铁、黑暗城市和西区一网打尽。正如布雷登·菲利普斯（Braden Phillips）在《大都市》（*Metropolis*）杂志撰文所言：

> 维多利亚时期纽约客的想象力在中国城放浪形骸，于谣言之间心血来潮，他们编造出种种阴暗的邪恶图景，从赌场、大烟馆到性奴和异端信仰。这些邪门玩意招徕了上流社会对中国城的一种特别巡视，叫做"坠入贫民窟"（slumming）。上城的公子王孙们先是在大烟馆里探头探脑，目的无非想证明再没有比中国人更加邪性了；然后，他们再闯入中国城西边的"五点"（Five Points），那时全美国最腐臭不堪的贫民窟之一；最后，这伙人会欢天喜地在包厘街附近一个闹哄哄的跳舞厅，或是啤酒园里，结束他们一天的游戏。

这种戏剧性的快速堕落之中，隐藏着一种便易的角色转换游戏，在这里，淑女不妨穿一件做工粗劣的、绘有色情图案的 T 恤，疯疯癫癫做回野丫头；高兴起来的时候，大款也会偶尔在路边花四五块钱买一个新鲜现做的牛排，或是烤鸡三明治，趁热涂上臭烘烘的香辣酱，站在路边和朋友边聊边吃。在尊严让位于感官的游戏里，显然，口腹之欲比假模假式要来得更时髦些。

这种平易的纽约并不天真，纽约客的容忍也建立在现实和幻想的夹缝之间。这座城市需要唐人街。需要一个欢天喜地的主题公园，但不希望这些放养的动物们越出它们天然的牢笼——有人"不怀好意"地提醒纽约客们，如果你在地铁上面看到几个亚裔面孔的人们，手里拎着橘黄色的、红色的购物口袋，那一定是"中国佬"了——闻到袋里走漏的鱼腥味，车上的几个乘客面露不悦的神色，"中国佬"们却泰然自若。

有人好奇地打听，犯得着要为一条鱼不辞远路吗？他们回答道：

这个拎着同样鲜红色的购物袋（中国城的特色之一）的"老外"可能是在购物，但他也可能在冒险。

"我们要的就是新鲜，别的地方的鱼就未必那么新鲜。"

"新鲜"发出"腐臭"——那是个微妙而矛盾的时刻，很多人的心中，大概都会浮现出这样一个荒唐而又古怪的念头："中国城"出逃到了纽约市？——看来，化腐朽为神奇的"缙绅化"（gentrification）有时也不免成为叶公好龙。这儿另有一个真实的故事：地铁的 N–R 线去往布鲁克林的日落公园（Sunset Park），那是一个新兴的华人居住区，一个在帕森斯设计学院（Parsons Institute）上课的日本人不住那儿，但碰巧也搭乘这班车路过，到了日落公园这一站，他目睹着车上的华人蜂拥而下，面前几个白人老太太禁不住长吁一口气，片刻之后，这日本人却明显感到了她们的失望——她们大概是把这长着黄色面孔的日本人理所当然地当成了中国人，"她们在想，我怎么还不下车，去我该去的地儿呢？"

纽约曾是 20 世纪上半叶世界最大的城市，但就单纯"大"的那一方面，它的盟主地位并不牢固，超过它的后来居上者用不着到远方寻觅，它就是同为北美洲城市的、巨硕的墨西哥城；但是，真正东方式样的"大"依然要在曼哈顿接受考验。中国城和纽约市的鸿沟，比任何事例都雄辩地证明这座城市雄性的霸权。该撒之物，终归该撒，曼哈顿表面上一团混乱，这混乱后面其实有一颗精确运转着的心脏；中国城非常纽约，但是纽约绝不是一个放大的中国城。不像东方的城市那般等级森严，华尔街的银行家们偶然也会碰见中国城呼哧呼哧在街边喝着汤的老"城民"，但是这两者从来都不会混淆，一切依然界限分明。

从另一方面而言，以混乱为天堂也未必是东方式样都市主义的全部精髓，就像"中国城"不能代表"中国"的全部可能性，但是，这两者之间显然有意味深长的联系。

这种联系再一次和"形象"无关。

谁能想到，生长在中国精英阶层并移民到美国的贝聿铭，1950 年代也曾在曼哈顿大火车站的基址上，提出盘曲妖娆的螺旋形摩天楼设想？他的早期事业是和纽约著名的房地产开发商威廉·泽肯多夫（William Zeckendorf）臭名昭著的大规模地产开发联系在一起的，以至于美国建筑业的大佬，晚年的弗兰克·赖特一碰见他，便面无表情地说："我知道你是谁，你是和泽肯多夫一起混的。"

——没有人知道贝聿铭当时的表情和心情，但后来的事实证明，功利的、计算的贝聿铭只是他东方性格的一面，它也可以表现为精致和高端，它或者貌似中庸，或者竟也可以疑似"现代主义"，不管人们乐意用什么名词形容它，它更加实用有效，贝聿铭咄咄逼人的华丽的商业建筑如中城的四季酒店，与中国城低版本的商业主义看起来格格不入，它们不动声色的成功却如出一辙。

当"中国的崛起"吸引着全世界的目光之时，纽约依然审慎地注视着它平板的中国城。

在文丘里那里被推崇备至的"闹哄哄的生气"，并不全然是一种向下看的文化修辞，它只是反映了建筑学自身顺应体制化的进程，一种和现代主义相比甚至更少个性的"自动化"过程——在这种巨大的颠覆之中，个人所具有的抵抗力或是人文主义的最后一点理想，似乎都已经逐渐流失。

1960 年代以降，即便是强人建筑师在纽约也激不起什么浪花，库哈斯的"癫狂的纽约"颇显示了一种似乎自相矛盾的"可程序化的多样性"（programmed diversity），例如执教于哥伦比亚大学建筑学院的屈米所推崇的"情境主义"逻辑。他们或许看到，在纽约这个天天过节的城市，任何自下而上的狂欢也只不过是过眼烟云。相对于它的不变化，纽约的变化永远是微不足道的。

精英的、后现代主义式的无所作为和大众文化中的放任，就是这

每隔一分钟，就有一架飞机以如此的距离飞过法拉盛的这片街区。

曼哈顿的中国城。

么牛头不对马嘴地拼贴在一起——这一切却不是什么从头再来的乌托邦，它只是乌托邦幻想急速下降到平地后四溅起的水花，一场暴烈的运动之后搅起的混水。

在这种体制化的剧变之中，崇尚"集体"的东方价值显得格外启人想象。

库哈斯的预言正在东亚的超级城市变成事实——从昔日"癫狂"的世界之都到珠江三角洲的旅途上，纽约，这座傲慢的北美城市终将会为它的傲慢付出代价？当纽约摩天大楼的办公室空房率高于 20% 时，潮水一样涌进中国城的新活力，不再一如既往是主流社会的弃儿，而是"后 97"的港币和生机勃勃的福建偷渡客，甚至 1980 年代末期的本地华人抬头，也多少和时髦的香港移民联系在一起。

——上溯至 1976 年，勿街有名的李氏宗祠改造还是羞答答的折中中西，而大名鼎鼎的新唐人街法拉盛（Flushing）的兴起，已经全然没有了任何文化上的包袱。

这个当初被 1939 年世界博览会指认为纽约"明天"的去处，几乎是一夜之间，就为 1997 年前后移民到美国的香港移民所攻占：原居此地的摩门教徒，现在惊讶地看着那些操着福建口音、东北口音、四川口音的远方来客，以及闻风而至的韩国人……从黑洞洞的 S 地铁车站中钻将出来，甫一立足，一架巨大的飞机便从闹哄哄的人群的头顶上飞了过去，人们甚至可以看到飞机上舷窗里人的面孔——在这个超现实场面的一箭之地，围墙里面，正在开打美国网球公开赛……

风向遽转，荒唐变成了时髦。

唐人街模式并不能彻底改变纽约，但它无疑为纽约扑朔迷离的前景注入了新的变数。

翻转，翻转

就像移民浪潮本身自有起落，文化的积淀亦有定时。历史上纽约经历了几次巨大的社会转型。他们在翻滚的"熔炉"之中，搅成新旧杂陈的视觉符号，既有类如圣雷默（San Remo）那样"布杂"旧建筑的浴火重生，也有苏荷一代兴起的假古董。詹姆斯·加德纳（James Gardner）评论这种纷乱的后现代现象说，那正是"新的旧货，崭新的战前建筑，都应运而生"。

从 1970 年代开始的自我更"新"虽然混杂纷扰，并不是没有一套可以清晰描述的逻辑。第一招依然是现代主义的老套路——让黑暗城市在物理和心理上同时"亮起来"（light up），那既是 19 世纪奥斯曼一类政治强人"拯救"贫民窟的铁腕举措，也是朱利亚尼整治时报广场英雄般的振臂一呼，最简单的一招便是"换脸"，正名后不再低俗的商业符号，成为进步和文明的前导，重新包装后的商业区新潮亮丽，予人以一种"即时 42 街"的自豪感，让唐人街的商店和餐馆也开始吸引高端的顾客。1983 年，当时的市长科赫更在纽约所有市有公共建筑上动了整容手术，这些廉价的新面孔里包括被人们挖苦个没完的仅作摆设的塑料花，还有装点路边的花盆和更换一新的百叶窗。

建筑师们支出的第二招，是在"类型"的调配上下功夫，那就是在过去非"黑"即"白"的单调样式之间，创造更多的"灰色"区域，在公共和私人之间调剂更复杂的可能。

例如，私人产业适当让出公共街面，或是领头创造街道和私人空间的互动——这也是雅各布斯曾经呼吁的城市设计应注意的社区精神。最显而易见的，是一些巧妙地利用城市"隙地"的小公园，比如荣获多项大奖的帕里公园（Parley Park），在曼哈顿的密度之间，给路人提供一个"背心口袋"式的公共去处；或者，打散完整的格栅，在私

法拉盛缅街（Main Street），广告上那个滑稽角色的摇摆不定，掩盖了背后通过这个混乱社区的长岛通勤火车线性运动的事实。

即时 42 街！

早先"灰"色阵营之中的建筑师，长期担任耶鲁大学建筑系主任的罗伯特·斯特恩，一直以本地价值的捍卫者自诩，早在 1987 年，他的公司便提出了重振剧院区的设想和规划条例，但是长时间内，由于经济衰退和持续的法律诉讼，这个项目裹足不前。1992 年，纽约市和纽约州的权力部门帮助组成了 42 街开发公司（42nd Street Development Corporation Inc.），邀请斯特恩的设计公司帮助制订一个复兴时报广场地区的一揽子方案。

一反传统规划的思路，斯特恩的都市设计方案提出了六个新颖的原则：层叠，反规划，矛盾 – 惊奇，行人体验，抢眼之物（Visual Anchors）和招摇的美学（Aesthetics as Attractions）。这个名为"即时 42 街"（42nd Street Now！）的设计，从这一地区亮丽俗艳的商业文化传统中汲取了灵感，在设计中，底层闲置的商业空间与天空中闪耀的霓虹光影层叠错置，物理使用和视觉经验并行不悖，它甚至也不忌讳为精英建筑师时常诟病的整体性的大型开发，在将郊区"销品茂"富有成效的商业原则搬到纽约市中心的同时，"即时 42 街"同时在其中注入一系列更大胆和切题的都市元素。

"即时 42 街"复活了时报广场的历史语境，除了无处不在的"信息"，它还带入了新的娱乐元素。那时，适逢迪斯尼公司正在纽约寻求一所新的音乐剧剧院，于是斯特恩的团队说服了他们拿下位于时报广场地区的新阿姆斯特丹剧院（New Amsterdam Theater），霎时间，其他与迪斯尼竞争的娱乐公司闻风而至。借着这股子人气，斯特恩的团队准备了一份详尽的发展方案，对于零售、娱乐、旅馆的比例做出了详尽的规定。这规定既是抽象的数字指标，也事关设计原则，既注重自上而下的掌控，也包括各式影响都市形象的符号使用条例，它因此导向一个既清晰又多元的"民主的娱乐中心"。

一时间，时报广场神奇地起死回生。四年之后，"即时 42 街"的成效就已初见端倪。和先前遭到否决的菲利普·约翰逊和约翰·伯吉（John Burgee）的另一份提案相比，"即时 42 街"的成功不是精英设计师自上而下的调侃，而是对于大众群体介入热情的调动。这个历时甚久的都市设计并不企图一蹴而就，它借鉴商业开发的成功经验，将售楼处式样的临时建筑放到了 42 街，这"临建"既是样品也是窗口，向公众和投资者展示历史和机遇的同时，带来对于都市设计的社会范围的关注。公众热情参与，一个大胆设计的决定需要经历三次竞赛。斯特恩和他的团队因而骄傲地宣称，大型开发也不一定就面目可憎。

杰维特会议中心和它附近的西区改造，背景中可见正拔地而起的时报大厦。

人领地之间创造意想不到的公共通道，这种新的路径由洛克菲勒中心开启先河。"公共"不再像流水般屈服于坚不可摧的私人边界，而是悄无声息地被多孔洞的边界所吸收了，例如市民准入的"冬园"，或是福特基金会室内花园，某种意义上就是纽约自己的市民广场，在公共空间依然稀缺的纽约，这些源于私人恩惠的室内空间，虽则有限开放，它们潜在的重要性实在和位于西区的杰维特会议中心（Jacob Javits Convention Center）不相上下。

第三招就是"翻转"，那便是先前雅各布斯所看到的景象了，那是更彻底、更深刻的转化：美容院变成地下室，地下室变成俱乐部，酿酒厂变成剧院，学校变成商店……听起来，这种功能轮转很有点词语接龙或绕口令的意思，马厩变成住宅，住宅变成仓储，仓储变成工厂，工厂变成教堂，活脱脱正是后现代主义者心仪的语言学革命，能指和所指之间随意的"滑动"，让鄙陋变得时髦，"本质"受到了怀疑。

不管怎么说，这"翻转"显示了一种结构重组的努力，使得那些肠子瓤子都见了阳光，里外之间的区别变得微乎其微。

现在，乍看起来一切已经"翻转"，一切坚实之物都已消融，一切调笑也不再有逻辑可寻。纽约方正的格栅中出现了圆形的哥伦布环形广场，棱角分明的摩天楼群中有了椭圆形的"口红大厦"——在 AT&T 大厦的缺角山花之后，那是菲利普·约翰逊的又一次后现代主义的玩笑。无论主流设计界更青睐"白"还是"灰"，新时代的都市主义与建筑师的关系远不如和媒体那般密切——时报广场旁边新的光怪陆离，

建筑师和媒体

计算机和网络的出现，使得建筑师和媒体的关系从未像今天这般紧密过。迈克尔·格雷夫斯和销售时尚而便宜的家用品的百货公司"标靶"（Target）缔结了同盟关系，而弗兰克·盖里和他的古根海姆美术馆一直都是 ABC 的通俗电视节目（Frasier）的宠儿。

看上去把拉斯维加斯大道带到了纽约，而唐纳德·特朗普的特朗普大厦（Trump Building）系列，成了纽约客新的通俗话题——说起这特朗普，自打经营他父亲的公司开始，便是一个摆布大众趣味的少年天才，似乎从来就为消费社会而生；对特朗普之辈在纽约的大行其道，很多年岁较大的纽约客显然心怀不满，可是他们气不过的是，为特朗普量身定制的电视节目《学徒》，分明让他们想发财的儿女们如痴如狂。

这一切，是精英思想、通俗趣味、垄断资本和公共权力的多角混战——即使文化趣味时时淹没实际考量，残酷的界限却从不曾因"翻转"而从人们眼前消失，技术便利也并不一定都能轻轻松松带来社会变革的奇迹，准确地说，那冷漠的格栅的边界只是在世俗的想象中消弭了。

例如，只是物理地"开启"的建筑并不一定都能成为公共空间，否则，波特曼（Portman）绿树成荫的旅馆中庭就称得上是新时代的圣马可广场了。在库哈斯看来，作为一种伟大的人工制品，波特曼向内掏空的旅馆恰恰走向与生活沟通的反面：从罗马时期开始，中庭便是沟通建筑和自然的有效途径，而波特曼却反其道而行之，把它变成刻意避免日光的人工盛器，使得自然不再是城市生活的心理亟需。

——显然，这一切"翻转"的基础，是必要法律架构和政治协商发生在建筑变革之前。

面对"翻转"的西区，关于它强悍的性格有一个传说，这传说听起来更像是一个笑话而不是真事——在曼哈顿中城的老油条和新来者，目睹了西区一场小规模的骚乱，新手说："这地方简直就是地狱。"老油条说："地狱的氛围还要温和些，这儿就是地狱的厨房。"

"地狱之厨"（Hell's Kitchen），也叫克林顿或者中城西区——本地居民忿忿不平地说，只有房地产商爱用这个中性的名称，以便抹杀它的性格——坐落在整个西区的 34 街和 57 街之间，东至第八大道，西到哈德逊河。作为电影《教父》的主要场景之一，历史上这里是一片出了名的混乱区域，19 世纪中叶，在码头上干活的爱尔兰移民闹哄哄的租屋，为后来这里无法无天的局面打下了基础。1920 年的禁酒令下达之后，此地的有组织犯罪得到了一笔大生意，流氓头子奥尼·马登（Owney Madden）、私酒贩子比尔·道怀尔（Bill Dwyer）、西帮（Westies）的大佬吉米·库南（Jimmy Coonen）和米基·费瑟斯通（Mickey Featherstone）都是在此土生土长。1950 年，波多黎各移民涌入"地狱之厨"，操西班牙语的街边小混混应运而生，他们和原有的爱尔兰流氓团伙之间的龃龉，为电影《西区故事》提供了真实的背景。

　　纽约市不是从未曾打算改造这一区域，1968 年，第三代的麦迪逊广场花园被拆除，公共权力部门因此做了个新的总体规划，计划在此建设 2000 到 3000 个旅馆房间、25 000 间公寓、25 000 000 平方英尺的办公面积和一个新的游船码头。他们还打算就麦迪逊广场花园的旧址兴建一座世界最高建筑，沿哈德逊河在 44 街口盖一座巨大的会议中心。1974 年 10 月，规划委员会同意在"地狱之厨"建立一个克林顿特区（Special Clinton District），当时的市长爱德华·科克（Edward I. Koch），也就是热衷于用塑料花美化城市橱窗的那一位，最终同意将会议中心南迁以凑合此方案，这就是今天在 33 街西端的雅各布·贾维茨会议中心。

　　在这片被形容成"极尽衰败坍颓的街区"上，公共权力的抱负似乎是拯救那些可怜人儿于水火之中，可这方案却意外地遭到了当地居民的激烈反对——经营麦迪逊广场花园地区产业的，其实是拆除了宾夕法尼亚火车站的同一批人，可这已经不再是罗伯特·摩西独断专行的时代。对当地人来说，"地狱之厨"的混乱并不完全是件坏事，它邻近纽约主要的交通枢纽，像港务局和宾夕法尼亚火车站（想想居住在

位于苏荷区附近的这幢大楼利用视错觉创造出动感的建筑形象。

拥有巨大中庭的纽约大学图书馆，从外面看不出什么它"内心"的端倪。

下水道和地铁涵洞里的"老鼠人"们），也靠近城市出了名的娱乐区域；变动不安的环境使得安静的高档居民区难以立足，那些贫民窟却大行其道，这一地区的危险导致了相对便宜的房租，那些在附近剧院寻找工作的外来者从而在此落脚，花些小钱把破房子整修一新，虽然谈不上奢侈舒适，他们对此地的随意和亲切已经心满意足。

1970 年代纽约的政治气候变得对于小人物极为有利，对摩西主导下的那些"政绩"的反感，反过来使得这以后多年的市政建设毫无作为。尽管纽约的主要商业区近在咫尺，克林顿特区的严格管制措施却使得它未能有多大的发展。宾夕法尼亚车站的纷纷扰扰，使得克林顿特区的规划指标甚为苛刻，人们不得轻易拆毁任何结构上依然无碍的建筑。针对开发商在再开发项目中高密度建设的倾向，规定提议单元住房的基本尺寸〔每房间至少 168 平方英尺（约 15 平方米），至少包括 20%的两居室〕，绝不能降低档次，不允许开发商为了提高可出租单元的数目而肆意拆毁现有建筑。"保护"如今成了一道紧箍咒，在受保护区域，建筑不能超过 66 英尺（约 20 米）或高于 7 层。

类似宾夕法尼亚火车站那样的历史建筑，它的魅力本来自时间流转之中沾染的厚厚灰尘，但无论是保留还是清洗这久积的灰尘，都是件棘手的事情，而且代价不菲。

在 1970 年代以来的纽约，城市规划之中精英主义的失败，产生了一种鼓励大众文化的趋向，一切"原生态"都受到嘉许和鼓励，但是这种放任的自由主义本身却没有多少建设性。像纽约客一样，它反对世界上"一切可能之事"，嬉笑怒骂却不成文章。2001 年的"9·11"事件之后，似乎是天赐的良机，新市长布隆博格领导下的纽约试图放松城市开发的保护性管制，"翻转"借着为纽约申办奥运会的机会又卷土重来，可在"地狱之厨"里，这种再次"翻转"的努力却碰得头破血流。

内部被绿色充盈，外观却莫测高深的福特基金会大楼。

如此带有锯齿的中城街边花圃显然不欢迎路人小坐了。

混合使用

在人类都市的历史上，大型开发的"混合使用"本是件不可避免的事。由于技术条件（出行、生产方式等等）的限制和政治气候（统治、行业管制等等）的原因，居住、工作和交流往往是混杂的，并且有类似于现代建筑的使用模式，例如高层建筑的底层常用作商业和生产用途，上层则用来住人。早期垄断资本主义却打破了这种常态，大规模生产所需要的效率导致了功能主义的"分区"，从此工作归工作，生活归生活，一切似乎井然有序，可长此以往，工作空间之中没了人味，而过于宁静的生活之地也令人昏昏欲睡。

正如我们上面所分析过的那样，典型的早期摩天楼里包含着一种"城中之城"的孤立，单一的联通方式使得拥堵和疏离同时成为问题；而这往后发生的"都市蔓延"，则在水平方向上带来了另一种祸患，郊区购物中心的模式，在后工业社会里造成对于汽车的高度依赖，中心城市由此渐渐破败萧条。像雅各布斯那样的城市捍卫者，由此开始呼吁混合使用。面对这种机械分区所带来的弊病，现代主义者的功能调配大多补益甚微。基于欧式几何的静态形式，"分区"和"混合"本质上是水火不相容的。

尽管在 20 世纪末的新城市主义者那里，混合使用炙手可热，若干"瓶颈"却妨碍了混合使用在北美城市之中的流行：在防火、隔音、通风和逃生方面，混合使用设计的工作量成倍地提高，从而使得投资者望而却步；除去相对较高的资金投入，在短期效益方面，混合使用常常不如那些单一使用的开发项目来得快；混合使用的商业项目里，入驻商家通常是那些小生意人，能够提供巨额开发资金的大开发公司往往对这样的项目缺乏兴趣；而对于混合使用的居住项目，设计师们也时常为这样的问题所困扰：在将居住单元连接向外部空间之时，究竟是该凸现"私人"还是"公众"？要知道，大多数独来独往的美国人已经习惯了孤芳自赏的田园。

纽约在北美城市之中却是一个例外。像纽约这样公共空间匮乏的繁忙城市，交通成为市民交流的明显机遇，围绕着大型交通枢纽的开发（TOD）通常成为混合使用开发的契机。错综复杂的多样性在这里不仅仅是基本的人性需要，也是一种立于经济基础上的奢侈，大型购物商场缺席的代价便是生活成本的提高，各种提供私人化服务的鸡毛小店不是必需，而是时髦。

城市之中各式各样的公私边界：在小资们轧马路的周末 SoHo，这是里子翻到了外边。

奥运会和纽约是一对非常奇妙的结合。本来已无立锥之地的曼哈顿，还要拿出一块新的地皮来办奥运会，乍听起来似乎是天方夜谭，人们不会感到惊讶的是，这样一个纽约的奥运会计划，差不多是美国参赛城市中代价最高昂的例子之一，初步预算多达 32 亿美元。然而，策划者的算盘并非毫无高明之处——实际上，他们的愿景绝不仅仅关于 2012 年 7 月 27 号到 8 月 12 号那短短半个月。在提案中，横贯纽约东西的交通线成为主唱，它致力于一个世纪之前垄断资本家不曾完成的伟业：它要修建一条新的地铁，姑且就称为"奥林匹克专线"，这条专线由业已繁华的中城东区一路西去，穿过"地狱之厨"并指向哈德逊河畔广阔的未开发水滨；在另一条线索里，在皇后区沿着东河面对联合国大厦，一个新的奥林匹克区将修在弃置已久的一片荒地上。

和大多数奥运会不同，纽约奥运会将会置身于旧的城市中央——届时，人们或许将会看到这样奇特的一幕，不再有大巴车运送一车车的运动员前往赛场的壮观场面，那样全城交通恐怕会为之停顿；相反，除了"9·11"这样的灾难之外，纽约不会为任何突发事件停止运转，所有国家的参赛选手都将化整为零，乘地铁搭巴士，隐没在拥挤的人群之中——虽然，这样的提案依然面对着自杀袭击及交通堵塞的挑战，却是个听起来合乎纽约实际的选择。这样的奥运会少了些自上而下的整饬，却多了些"随处即兴"的个人化乐趣。在扎哈·哈迪德的先锋设计里，运动员村位于一个"X"形状的建筑群落的交点中央，是人的活动而非运动场馆自身，应和了提案对于纽约化的大型活动的憧憬，

纽约奥运会

哈迪德的提案将运动员村放在皇后区的西侧（Queens West），隔河面对联合国，建筑围绕着运动场、广场和水滨公园配置。在这个项目上，这位以先锋著称的建筑师需要考虑的，不再仅仅是咄咄逼人的单体建筑"逼视"城市基地的图景，而是城市未来的历时性变化，这其间集成了商住、娱乐和交通的诸多考量。在奥运会期间，运动员村可以容纳 16 000 名运动员，事后，它则可以改建为可住 18 000 人的高档公寓。

也给城市长远的发展指出一条新路。

——听起来是桩两相便宜的好事。但遗憾的是，并不是所有人都理所当然地喜欢"进步"。早在 1998 年，前任市长朱利亚尼就提出要为洋基——纽约知名的棒球队——在中城修一座新的体育馆，但是遭到了中城西区的居民们的强烈反对。和刚刚完成的对于时报广场的整治不同，居民们质疑这么大的建筑项目带来的只会是毁灭性的灾难，将使得这一地区宜人的小尺度化为泡影。他的后任布隆博格继续考验纽约客的韧性，变通的方案是将曼哈顿西区体育场的屋顶改为可伸缩式，这样，在奥运会以后这座体育馆还可以进行本地人热爱的橄榄球比赛，以此弥补这些巨无霸建筑驱散的人气。

纽约喷气机队的老板们甚至已经许诺将为这个规划中的体育馆提供主要资金，可是，即便纽约奥运会的支出全部来自私人投资，也不能保证它会在市一级的政治角力之中顺利过关。据说，市民们一致认为，不管是曼哈顿西区的体育馆还是布鲁克林的芮特勒体育场（Ratner Arena），奥运会不过是被利用作了贪婪攫取的借口，于是出现了奥运史上的奇妙现象——申办城市的人民却示威抗议自己的城市申办奥运会。当纽约输掉了主办城市的竞争之后，"地狱之厨"的人们不是哭泣而是欢呼雀跃，西区人将"纽约 2012"的标志，搞笑地改换成了"再见 2012"。他们写道：

> 许多纽约客都松了一口气，纽约 2012 奥运会终于结束了它可悲的生命。如果让他们得逞了，那么这城市的每一项诉求——不管是教育、医疗保险、房屋或是交通——都会让这运动会弄得次要了。

纽约客们反对的不仅仅是一个奥运会。在市政会议的听政咨询之中，反对者们警告说，诸如奥运提案那样的大产业计划并未百分之百地消亡。像哈德逊场（Hudson Yards），一个 2400 万平方英尺的巨型摩天楼，那样的贪婪计划正在影响着纽约市其他各大区（布鲁克林和哈莱姆）的开发进程。在这样的听证会上，一个普通人的声音里也会透露出带着道德优越感的语气，"这个世界依然到处都是坏人"（The world still has bad people around）——"坏人"就是那些阴险的、想要毁掉纽约客的家园的开发商，以及或多或少已被脸谱化的政客。

很难想象是谁在为"地狱之厨"呐喊——反正你很难将他们潦草地定义为"普通人"。事实上，反对 2012 纽约奥运会的带头老大之一，是主要经营有线电视业务的巨头 Cablevision——自身是麦迪逊花园的拥有者，这个支配纽约地区通讯和电视娱乐业的巨头可绝对谈不上"普通"；Cablevision 自己出资 3 000 万美元炮轰纽约市，显然是害怕西区的发展会改变自己在这一地区事实上的垄断地位，因为新建的奥运设施，长远上必会影响他们拥有的会议、酒店、音乐会等等一揽子服务⋯⋯

关于这卑微却又复杂的"普通人"的例子其实举不胜举，比如，对沃尔玛（Wal-Mart）这样郊区式样的超级"销品茂"，纽约敬而远之，反对的人们会说，沃尔玛将把"大爷大妈式"的小杂货铺子赶尽杀绝，使得生活困窘的普通人家居不便，然而，事实表明低收入的真正穷人对于沃尔玛的出现欢天喜地，那些合乎雅皮趣味的商店却未见得价廉物美。

可以理解的是，那些在西区已经拥有了自己权益的中产阶级并不十分计较社会生活的整体成本，或许他们更关心的，是可以让自己在此立足的机会成本。西区底层建设具有的相对低密度，以及东区居民所没有的阳光，在纽约是种不可多得的财富，每个小业主心里都很清楚，这无形的财富迟早会升值——旧有的社会问题正在逐渐改善，西区的犯罪趋于减少，它正在成为真正得天时地利的曼哈顿黄金地段。

纽约西区，老工业水滨依然在城市的天际线上有触目的痕迹。

只要牢牢控制住政治协商的制高点，地产商的魔爪就不能伸向他们的家园，引起灾难性的连锁反应。

——然而，这样的结果是否对整个纽约市的发展有利，只有天知道。

在西区人的欢呼声中，纽约市长布隆博格一定啼笑皆非，早先，为了避免人们说他无视"普通"纽约客的利益，为了绥靖那些激烈的反对者，他不得不拍着胸脯保证说，如果纽约输掉了这次竞争，在他的任期之内保证不会有下一次申办。说这位早已是亿万富翁，却常坐地铁上班以讨好大众的新市长只是为了一己私利，未免有些太简单了，比起罗伯特·摩西或是一百年之前的资本家来说，他显然只是没赶上个好时候。

昔日强盛的公共权力，曾经滥用着在平面上描绘城市蓝图的快感，垄断资本的雄心也可以时时地不羁地拔向高空。

——而如今他却只能挤在嬉笑盲目的人群中间。

5

浮 生

纽约宛如一团乱麻，但当你后退一步，它便成了一件艺术品。

——托马斯·措伊默（Thomas Zeumer）

这城市不是一个混凝土的丛林，它是一个圈养着人类的动物园。

——德斯蒙德·莫里斯（Desmond Morris）

再现

[1]
在这本书稿即将完成的
2007 年 5 月，谷歌又
在纽约等几个北美的中
心城市推出了可以一瞥
实际"街景"的地图服
务，通过这项服务，一
个浏览者既可以通过地
址查询确定一个地点的
相对位置，又可以看到
它个人化的透视影像，
空间视觉的两种典型样
式：总览和近眺，似乎
就要在新的技术突破之
中合二为一了。

　　2004 年，谷歌（Google）从钥匙眼公司（Keyhole）那里买到了卫星图像的使用权，并将它们与"谷歌地图"的快速搜索技术相结合。基于动态浏览技术的地图生成，比以往任何版本的电子地图都要好用，如果你在个人计算机上附加安装一个名叫"谷歌地球"（Google Earth）的软件，你便可以拖曳鼠标，很快找到地球上任何一座主要城市上空的实景照片，由于拍摄角度和阴影的关系，"谷歌地图"上高拔的纽约看起来甚至还有一点点的立体感。[1]

　　从此以后，自上而下的纽约不再是什么奢侈的秘辛，从前，这种

STREET SCENE
Tenement and Housing Project

宛如上帝之眼注视中的城市景象只能博得自下而上的艳羡——莱昂纳多·达·芬奇看云，美国现代摄影扛鼎者之一的艾尔弗雷德·施蒂格利茨（Alfred Stieglitz）也曾在纽约看云。在世贸大厦倒塌之后，最低限度，纽约客需要花上十来块钱买一张门票，再排上一两个小时的长队，才能在帝国大厦楼顶看到这个城市上方不被遮挡的天穹。

以这样一种方式，每个人都可以像天使一般在城市上空飞翔了——这或许是文艺复兴时期，绘制上帝（或许柯布也是他的一种化身？）注视中的威尼斯的艺术家们所始料未及的。但鼓吹城市的"可意象性"（imageability）的凯文·林奇可能会不同意，这种互联网时代的新工具，真的会给都市设计带来革命性的影响。相反，他可能会反驳说，把（视觉的）"解放"和（城市步行者的）"自由"等同起来的做法，其实是一种误会，这种误会缘自于对于"所见"和"所知"的混同。并且，这种全知全能的视觉的假象，还把真正的感性逼入了绝境——竭力辨认去路的迷途者和旅游大巴里持有地图的观光客，他们的观看方式原本是如此的不同。

无论如何，"形象"对于今天的纽约意味着一切。

纽约城市的形象首先显露于这城市之外的远方——有三个最佳的观赏纽约天际线的角度：在它的西侧，从新港（New Port）的高层公寓上隔着哈得逊河望过去，垂暮之时灯火璀璨的下曼哈顿就像是一颗闪闪发亮的钻石；而那些搭乘过唐人街去波士顿的廉价巴士的旅客，他们都会熟悉这城市从东边看去狭长的天际线，隔着皇后区一片开阔的公墓，那死人世界后的曼哈顿看上去格外肃穆；或者，花很少的钱，你可以试一试从南渡（South Ferry）坐轮渡去斯塔腾岛，在轮船离开船坞后，你会同时看见自由女神像和下城的尖端，后者宛如巨轮划开水面的舷首。

弗里茨·朗《大都会》：关于"效率"与"控制"的当代寓言。

这样同一水平上的观察者，他们眼中的天际线容易混同于建筑设计之中的城市"立面"。相形于这种混同，任何一座摩天楼上的俯瞰，都不可能使你真正到达谷歌地图的垂直——普通的纽约航空照片，严格说来，也未必是从严格垂直地面的角度拍下的，要使得肉眼从高空复原建筑学意义上的"平面图"，或许只有同步于地球转动的空间飞行器才有条件做到。更主要的一个原因，是建筑图绘中的各种投影方式本不是"当然"或"显然"的视知觉，一个普通人在摩天楼上观望到的，多少是一种复合的印象。

在地面上的纽约，和这全景图画更迥异其趣，仔细咀嚼它们组织方式上的差异，你会发现，就连南渡的轮船上所见的纽约，也不是一幅真正的静态图绘。

比起世界上的任何一座城市，纽约，大概都会更骄傲于它汪洋恣肆的城市摄影吧，在此之前，尤金·阿捷特（Eugene Atget）的巴黎，或是赫达·莫里逊（Hedda morrison）的老北京都不能与之相提并论。多面的纽约，带来片断时刻错动着的城市风景，给人们以浮华世界的第一印象——罪恶世界也好，人间天堂也罢，不容否认，这光色声影

纽约与摄影

1880 年，24 岁的乔治·伊斯曼（George Eastman）在离纽约城不远的罗切斯特奠定了他的摄影帝国——柯达公司的事业，1902 年，精英艺术家斯蒂格里茨，在纽约举办了著名的"分离派摄影展"（Photo Secessionist）。半个世纪之后，3S 之一的爱德华·斯泰肯（Edward Steichen）在 MoMA 举办了他著名的展览《人类大家庭》（Family of Man），使得摄影正式登堂入室；对于另一批摄影师而言，这个大家庭是另一种意义上的趣味无穷的"人类的动物园"，上文曾经提到的那个用闪光灯拍摄黑暗贫窟的新闻摄影师雅各布·里斯的《另一半是怎样活的》（How the Other Half Lives）开启了一个纽约客摄影的时代，这种悲天悯人的早期现实主义摄影，最终发展为战后的一大批摄影师，如盖里·维诺格兰德（Garry Winogrand）镜头中嬉笑怒骂的独特形象。

现代艺术的经典进入了城市的现实。

大卫·霍克尼作品。

自是这城市魅力的主要部分。

然而，"再现"不仅仅是立此存照，摄影影像同时也改变了人们理解城市的方式：对于那排了半天队才从熙熙攘攘的市井来到帝国大厦天顶瞭望的观光客们，那幅只能观看却不能参与的全景图画使得"观看"和"行动"彻底分离了，观者和风景之间不再是大地上蜿蜒的小径，要想一览那疏离的现实的全貌，人们只有像1939年世界博览会展望未来的组织者们一样，独自躲进那孤独的高塔。

更紧要的，这高楼上的全景图画实际上并不是"一幅"图画，它是多个心理视点的拼合。

与纽约大都会共运而生，电影展示了综合新时代视觉经验的一种可能。1939年的世界博览会始于大萧条时期帝国大厦上的远眺，最终这次博览会却展出了世界上第一台电视，这划时代的发明，将缥缈远景中肉眼所见的博览会址，变成了一种真正可"望"却不可"及"的经验。虽然都是虚拟影像，比较起摄影来，"活动图画"，特别是电视，已经开始指示着一种同步的，甚至是即时的现实再造，这现实如今不再受到一个物理"画框"的羁绊了。某种意义上，活动影像之中的纽约并不比登临纵目更加虚幻，但是它们脱离于人类的行动之外，对于可望而不可及的稠密的物理现况，它们自行组成了一种既超越其外，又穿越其中的真实。

以纽约为背景的代表性电影不胜枚举，它们从伍迪·艾伦散淡含蓄的《安妮·霍尔》到吕克·贝松纵情奇想的《第五元素》。在以纽约为象征性情境的电影里，大都会常常象征着一个寻常的人类处境，无论是人欲横流的名利场（《香草的天空》）还是亲切随和的市民社会（《你收到邮件了！》）——这样的纽约与巴黎、伦敦并没有什么显著不同。但纽约对于这些电影的最大贡献却不仅仅是一个文化符号。

它自有它"空间"与"形象"交织的传奇。

空间坠入形象的痴迷自休·弗里斯（Hugh Ferriss）而始。弗里斯本是一名建筑师，但是生平却没有在纽约独立设计过一幢建筑；相反，他像一个室内摄影师一样迷恋上了这城市变幻的光与影。1916 年，纽约通过的区划法规规定所有摩天楼都要在一定高度上逐次退缩，以保护其他建筑的"喘气"权利，于是 1922 年弗里斯受命对高层建筑的退缩效果做了专门探究——他的木炭画本来是项正儿八经的"研究"，旨在预测经过"退缩"的摩天楼在不同时令的日照面积，以及它的阴影和对周围环境的影响，却让他发展成了一种别具新意的心理现实，这种黑和白的现实最终成就了"明日都会"（The Metropolis of Tomorrow）式的奇想。

1927 年，奥地利裔的弗里茨·朗拍摄了他的名作《大都会》，《大都会》中臆造出的那个奴役众生的超级都市并未指明是纽约，可是它们却像极了弗里斯对于摩天楼的"研究"。有趣的是，原先摩天楼里阴影和光明之间的消长，不过描绘了商业利润和技术条件共同改变的现代生活：室内世界的人造光源，使得黑暗底层的窗户无关紧要了，而大厦顶端的自然光成了人们斤斤计较的资本。如今，通过生动可感的统治／压迫故事，这些属性都有了深邃的文化含义。

首先，是"外表"和"内里"的脱节，渺小如蚁却彼此疏离的人们，与巨大建筑无生气的整齐划一外表恰成对照；其次，单纯的物理感官已不能帮助人们了解这座城市，这些迷宫般楼群的秘密，其实生长在一个单调呆板的逻辑上，但这秘密只在"程序"的控制者——那个叼着雪茄的"老板"——那里才转为清晰的影像，其他所有人都只是不可见欲望的牺牲品。

这种可见和不可见之间的龃龉，是关于"效率"与"控制"的当代寓言。

如果说或多或少带有"左倾"色彩的《大都会》照出了这个反乌

托邦寓言的革命一面，那么更多的"看与被看"里面，除了惊惧和困惑，还有一份被欲望煽动的焦躁——《偷窥》（Sliver）是莎朗·斯通在《本能》之外的又一出大戏，这次，她同样扮演着一个袒露自身的角色，只不过故事设定在一个复杂的空间情境之中——据说，剧中那座既高且窄的"细条"大楼实在曼哈顿东 38 街 113 号，剧中称为麦迪逊大街 211 号"寞庭"（Morgan Court）。从外表看出去，这座红砖的"战前"公寓楼普普通通，但它的里面，却为每家每户装置了一套用于偷窥和控制的摄像系统，大楼的管理员，一个平素里沉默寡言的年轻男人，在密室里观望着这些活色生香的真人秀，就像是早年希区柯克以格林威治村为场景的《后窗》里，休养在家的摄影师主人公注视着楼对面的犯罪现场；所不同的是，《偷窥》里"看与被看"的关系更加错乱，它们之间也没有一个物理"画框"的连接，偷窥者到头来情不自禁，成了自己欲望的俘虏。

　　——偷窥者是在黑暗之中的主宰，在均匀阵列的摩天楼内部，他所居住的单元霎时间成了空间重构的枢纽。可是，当他直面他偷窥的对象（莎朗·斯通），这种君临一切的幻觉便消失了。仅仅是这些欲望之中的一种可能，就已经彻底将他击垮。他不过是一个人，一个普普通通的人，那个膨胀了的、全知全能的视觉不过是无比脆弱的幻象，像大楼的设计师一样，它全系于"程序"的恩典——借助比例尺，他们在图纸上完成了和上帝创造万物一样的所有过程，但是，事实上他们并没有，也不再可能经历这玲珑八面的现实的所有细节，事实上，他们的肉身知觉并不可能把握理性所及的一切。

　　最能表现纽约城市再现中"尺度"意义的作品，莫过于三次拍成电影的《金刚》，这部电影的剧情或许不用在此多说，但是它蕴涵的建筑意义却鲜见有人提及。

三部不同的《金刚》中，金刚的尺度滑稽地前后不一，甚至在同一部电影中也有所不同。

早有人攻击《金刚》是一部种族歧视倾向明显的电影，在阿瑟·多伊尔（Arthur C. Doyle）《失落的世界》（Lost Worlds，1912）以及埃德加·伯勒斯（Edgar R. Burroughs）的《时光遗忘之地》（The Land That Time Forgot，1918）之中，这个大猩猩的原型都是和"黑暗"的非洲丛林，和落后的土著人联系在一起的。

——但金刚最终却来到了纽约，它和这座大都市的关系，使得黑暗的时光遗忘之地不再是古老的传说，而多少反映了人类的当代处境，一个当下境地的寓言，它使得我们描述过的"黑暗城市"有了一个拟人化（或拟"兽"化？）的表达。1933 年版本的《金刚》，正是在帝国大厦建成的翌年紧凑地杀青；1976 年播放的《金刚》，则毫无疑问和刚刚建成的世界贸易中心（1973 年剪彩）激发的热潮有关，那只大猩猩忙不迭地攀缘上双塔；到了彼得·杰克逊的《金刚》，正是"9·11"的尘烟尚未散尽之时，曼哈顿已经没有双塔可以攀缘，金刚只好爬回帝国大厦，但是曾几何时只是臆想的毁坏中，却多了份真实的恐惧。

在 1933 年的版本之中，金刚的高度就已经滑稽地前后不一，这不同或受到彼时粗陋的特技水平的制约，但对这部电影的内涵而言，尺度的变化却意义非凡，且绝不仅仅是个偶然：在"骷髅岛"上，金刚（King Kong）只有区区 18 英尺，如此安排或方便了和女主人公谈情说爱，到了"皇宫剧院"的舞台和纽约的大街上，它就迎风长成了 24 英尺，在帝国大厦的顶端和飞机搏斗的金刚更是威风凛凛，看上去足有50 英尺。在杰克逊的最新电影里，金刚的体格明显地缩减了，影片的自始至终，它变得和人的尺度更加接近。

——那是一只在暴涨的"尺度"里诞生的巨怪，它对一颗看似渺小的心产生了爱情。在荒野世界的风雨之中，金刚代表着不可冒犯的"崇高"，它被弄到纽约来却是为了在俗气的皇宫剧院里展出的，它自命不凡的奇观和它近于人类的情感之间有着不可调和的矛盾，那些猥琐的看客让它勃然大怒，它试图摧毁向它进犯的城市，证明自己可以比这城市攀缘得更高，却最终在帝国大厦令人惊悚的高度里跌得粉身碎骨。

"金刚"意味深长的尺度所表现的不是他物，正是人和城市可能关系的寓言：不管是霍莱茵的大螺丝钉、只手笼罩城市明天的伟大规划师、驾驶飞机恶狠狠冲向双塔的阿拉伯人，抑或是骑着扫把的小仙女，这种人的尺度和整个城市对峙的瞬间，对于难得在云上俯瞰城市的众生而言，原本都是一种心灵的构造：

> 从来都没有什么东西叫做城市。城市不过是某种空间的表征，这个空间产生于一系列东西的相互作用，这些相互发生关系的东西包括历史的和地理的专门机制，生产与再生产的社会关系，政府的操作与实践，交往的媒体和形式，等等。把这么一种多样性笼统称为"城市"，我们意味了一种统一的稳定的东西，在这个意义上，城市首先是一种再现……我得说，城市构成了一种想象性的环境。

显然，为了向我们说明为何城市首先是一种"再现"，詹姆斯·唐纳德借用了本尼迪克特·安德森著名的"想象性共同体"。不过，纽约的例子或许稍微有些特别，作为"想象性共同体"的一个国家、民族、政府不易历历在目，但是具有中间尺度和具体而微的城市明信片图景，却容易使你觉得"它就在那里"。与第一次登上珠穆朗玛峰的新西兰人希拉里所说的一样，城市的天际线给人一种富于欺骗性的形象，它在那里，清晰可见，它引诱着你的物理感官去征服与遍历。

东河边的联合国大厦前飘扬的万国旗帜，会愈发加深你的这种幻觉：纽约不仅仅是一个世界，世界也在纽约之中，当长安、君士坦丁堡甚至巴黎的时代都已经过去，纽约或许是这星球之上唯一一个有资格妄自尊大的城市，独自踞于这孤岛之上，它的形象从来都只取自自我审视，而没有适当的比照之物。在这里，在古典艺术之中向来作为一切人事背景的风景，也最终消失了，人造世界完完全全取代了自然，摩天楼组成高峻起伏的群山，高架桥梁代替了窄巷之中的石桥，大道上的车流便是汹涌的河水。

在这里产生危险的，不仅仅是绝对尺度的增长，而是相对经验里产生的混淆尺度的幻觉机制。那个在骷髅岛上无法无天的金刚本是纯净、道德高尚的自然力的化身，这种力量起初本有和"人"结为同盟的可能：或许 1933 年版本的金刚还有股子挑战一切的冲劲儿，1976 年版本里，无望的金刚已经开始显得不那么野性了，到了杰克逊的版本里，这个更近常人的大猴子活脱脱是个受害者的形象。当金刚不情愿地出现在曼哈顿时，悲剧性的结果已再清楚不过，真正的自然在人造自然面前相形见绌，尤其当"人"和自然之间萌生爱情的时候，金刚只能选择自不量力的挑战，才能再次证明自己的权威。

自上而下是卫星的非人的视角；自下而上，则是渺小的人无望的视角，一旦这两种视角被叠映在一起，无论是哪个方向的回溯都免不了油然而生的荒谬。摩天楼本也是某种"自然"，无论是芝加哥密歇

世界之都

"四十年前的纽约是一座美国城市"，英国作家普里斯特利（J. B. Priestley）1947 年评论道，"然而今天它是一座璀璨的世界都市，世界属于它，如果它不属于世界的话"。第二次世界大战使得纽约和美国获得了空前的繁荣和领先世界的机遇，它由此一步步地稳固了自己世界之都的地位。1940 年代末，这个城市已经是世界上最大的制造业中心，拥有 4 万间工厂和 100 万名工人。它同时也是美国最大的批发中心，占有五分之一的交易额；纽约港一跃成为世界最大的港口，每年吞吐美国 40% 的货运量；更不用说，它早已是世界的卡菲金融中心之一，在那个时候，包括标准石油（Standard Oil）、GE、美国钢铁（U.S. Steel）、IBM 和 RCA 在内的大多数知名公司都在这座"总部城市"之中设立业务。

更重要的，是接踵而来的政治和文化的凯旋。纽约击败了费城成为联合国在美国的驻地，使得它成为名副其实的"世界之都"，1960 年代世界范围内的文化动态，尤其是现代主义艺术在美国的大获全胜，令纽约成长为和 19 世纪巴黎比肩的文化中心。

根大道旁的"密歇根悬崖"(Michigan Cliff)，还是亨利·詹姆斯笔下阿尔卑斯山的雪崩，"最高"在某一个历史时刻本是古典主义美学家向"崇高"发出的致意，可是，登临峰巅回望，消弭了纽约客对于神祇的敬畏，它产生一种前所未有的快感，却也带来了"崇高"无可挽回的坠落。

"设计师"便攀缘在这两种眼光之间。

当金刚从帝国大厦尖端跌落在街道上时，惊悚的人群重新又聚集在一起，他们七嘴八舌地议论起来，有一位看客叫道："飞机逮住了它！""不，"另外一个人说："不是飞机——是美女害了它。"

自然之子和"技术"搏斗的结果，以前者的陨落而结束，但是，"技术"在此披上了一层"美"的面纱。

纽约梦，纽约客

在飞升和坠落之间有没有第三种可能？有，那就是徘徊于两者之间，既非五体投地，也不睥睨一切。真实的、新旧杂陈的发展中的纽约和一个光亮如新、云雾飘渺的纽约之间，是资本主义商业文明的橱窗，橱窗的玻璃上映出的是彷徨的、目不他视的都市倦客。

1858年，罗兰·梅西(Rowland H. Macy)在第六大街204号开办了一家以他的名字命名的干货店。最初，人们看不大出来，这品类齐全的街边商店与传统的小杂货铺子有什么不同，五年之后，它却令人耳目一新。1863年，"梅西"首创了"甩卖"(undersell)的销售方式，年终大甩卖于是就像每个春季空气中飘散的花粉一样，使得纽约客心痒难耐；更惹人注目的，是梅西层出不穷的商业广告点子，让这一代的零售商首创了新的都会传奇：那就是各式各样的"橱窗购物"，在玻

新老梅西和它永远的"钉子户"（圆形线框内所指）。

梅西的"钉子户"

尽管它的业务已经扩展到全国，并一度被称为"世界最大的百货商场"，位于先驱广场的梅西依然首先是纽约知名的部分，它所赞助的感恩节大游行是纽约每年一度的盛事。

最初的梅西总店只是这个街区内向着百老汇大街的一幢建筑，有着帕拉蒂奥式的外表，随着它的扩展，今天，第七大道和百老汇、34 街和 35 街之间的梅西总店几乎占据了整个街区，只剩下至关重要的一角，一个"钉子户"尚未纳入囊中，可是，在 34 街和百老汇相交处的街面上，这幢独立的大楼却堵住了行人观望梅西的视线。于是，梅西用可观的租金租下了这幢建筑，然后用巨幅的标志遮住了它的外墙，以期取得满意而统一的效果。

璃橱窗中摆放的不一定是售卖的货品本身，而是购买货品的理由，从逗小朋友开心的机械玩具，到各种可望而不可及的奢侈品。

人类最早的大都会商场，大多是类如"销品茂"的大棚市场，而不是"梅西"式的百货商店。它们之间的区别或许在于，前一种购物活动只满足生活所需，而另一种则创造生活本身——到了1890年代，都会的地点对于商业销售已经变得至关重要，1875年，梅西有句响亮的口号："货比三家，此处最廉。"（We will not be undersold）地点不仅意味着品质和价格上的保证，它还意味着一种索取与供给的同谋关系，重要的是消费的空间变得和消费的对象同样考究。

1890年，百货商店（department store）这个描述一种专门建筑样式的术语开始出现，在百货商店里，按照不同楼层，大规模销售的货品组成了一个人工物的国中之国，从成衣到食糖的一切生活所需都可以在这里方便买到，然而在这里，人们却找不到往昔习见的裁缝和糖贩，在国王的时代，他们向主子和大众定期报到，但在"梅西"的时代，看不见的工厂代替了这些小生产者的角色，我们也看不到"大爷大妈式"小杂货店的老板娘，取代这些小商业者的，是穿着清一色制服的女售货员，她们虽然和你素不相识，却和自家人一样笑容可掬。

高高教堂尖顶之下的阴影里已经容纳不下城市的生活了……在获得新的自由的同时，市民们开始被另一种网罗结构在一起，现在他们需要效忠报效的，是资本主义时代的商业"广场"。对于那些不曾梦想过多的普通人，这广场把所谓"生活"一网打尽，事实上，它们也构成了"生活"的物理存在本身——"生活"不再是故作高深的哲学家的梦呓，或是歇斯底里的贵族们的呻吟：生活，就是消费者光亮如新的选择，就是每天下班之后考虑是去"梅西"还是洛德—泰勒（Lord & Taylor），传统就是欧·亨利笔下麦琪舍不得卖掉的一头金发，而时尚则是妻子给丈夫买的金表，"爱"不过是两者从左手换到右手（《麦琪的礼物》）——这种幻觉之中拥有选择的自豪感，和罗马共和国的公民们的投票权一般意义非凡。传统的帝国建筑总是依赖于圈内人对于外来者的权威，而新的城市空间的意义，通过它的追随者彼此间的欲念和期求，似乎就可以轻易得到证实。

"纽约客"（New Yorker）这个词翻译得极好，不仅发音一致，某种意义上，这三个汉字似乎比它的英文还能传达那些身在纽约的异乡人的感受。

和退后一步才能看清的纽约天际线一样，让人们津津乐道的"纽约客"是个集体影像，这样含混的提法却为大众文化所青睐。一类"纽约客"多是统称为年轻上班族（young professional）的一类人，虽是来自五湖四海，却对自己的来处语焉不详，他们仿佛从云端里半空升起，为了追逐一个共同的幻景，并肩在这大都会营役；"纽约客"通常在曼哈顿岛上工作，大多没有自己的汽车——因为在"城"里停车太贵；平日里他们早九晚五，甚至早八晚九、早七晚十，常吃餐馆，甚少做饭；周末的一点闲暇里，他们像海绵一样浸润在这城市的光声色影之中——你很少听说过一个足不出户的"纽约客"吧？他们泡吧，出没于高档餐厅、风情小店、电影院和剧院，偶尔光顾一下博物馆和特色书店。

——别以为他们真的有多少"文化"，"文化"其实更多的是种仪式，动词而非名词，不知谁说过，一个正常人对博物馆的忍受时间只有 45 分钟。

人们心目中的纽约同时也正是这些纽约客……他们年轻漂亮的面孔，讲究得体的穿着，构成了这城市朝气蓬勃的面孔——早在 1990 年，东区的纽约客中已经高达 31% 拥有本科以上学历，或是职业认证证书（相形之下哈莱姆只有 5%），他们的大方消费和慷慨施与，构成了这

由雷姆·库哈斯设计的普拉达（Prada）纽约时装店设计，号称"重新定义了一代人的购物体验方式"——是的，这里有着人和物的崭新的关系 (©OMA)。

城市经济的重要驱力，他们的渊博、睿智和趣味也让世界刮目相看。

事实上，很少有血统纯正的"纽约客"，很少有人能够承担得起纽约市中心昂贵的房屋租金，愿意一辈子忍受那里其实不尽完美的生活条件。在触目可见的豪华映衬下，困顿的生活常常显得黯然失色；对大多乘兴而至却失望而归的异乡客而言，这些撩拨起更多欲望的比较，并不总是趣味盎然的心理挑战，当代的都市传奇里，却很少见到这种社会学家感兴趣的暗色——和"纽约客"一样，"纽约"自身也是一个语义暧昧的所指，尽管"大纽约"可以辐射到纽约州乃至新泽西州、康涅狄格州的数百英里广袤土地，在一些人执拗的心中，世界上却只有曼哈顿中城和下城的一些区域，才谈得上是"纽约"，那个城市中的城市，人类文明历史上最前端生活的象征。

生于斯长于斯的真正纽约客却常见于生计塞促的西区和上城。表面上，他们与时髦的年轻纽约客共顶一片蓝天，脚踩同一块陆地，其实生活的世界判然有别，在极端的例子里，有色人种中比较穷苦的居民，有的居然从生到死不知道距离自己仅仅几个街区发生的一切——那也便是安吉丽娜所听到的"笑话"了；另一部分年龄稍长的有钱人和贪图清静的纽约人，则长年退隐于纽约市近郊的山野之中，他们之中，也有极少数人在都市中一鸣惊人，成为美国传奇的新篇章，像《逍遥法外》（Catch Me If You Can）里，由莱昂纳尔多·迪卡普里奥扮演的、生长于纽约市北扬克斯（Yonkers）的年轻巨骗，又如战后婴儿潮中在皇后区出生的房地产巨鳄唐纳德·特朗普。

但大多数人最后厌倦尘嚣，终究归老于田园。

对此，诗人唐·马奎斯（Don Marquis）有些尖刻地评论道，大多数来纽约淘世界人们的初衷，不过是为了赚够钱回到他们的"农村"去。在纽约，这些人捞了一把后如不趁早开路，没准就得毫无希望地一辈子在那里混下去——显然更多的人属于后者，雄心勃勃的他们并没有改变这座城市，这座城市却赋予他们一颗永不能平静的心——如前纽约市长科克所说的那样："成为纽约客意味着你在这里至少要生活六个月以上，然后你就会发现，你会走路更快，说话更快，想得更快。你是一名纽约客：纽约是一种心灵的状态。"

纽约不仅仅是一座城市，纽约就是"城市"这个概念本身，它屡屡验证着德尔法神殿里的那句"认识你自己"的名言：对于初次来到这里的人们，它关系到心灵指挥身体还是身体指挥心灵，对于纽约客来说，这种区别其实已经不再重要。

在 20 世纪初的"格栅城市"，波德莱尔笔下的"都市闲游者"（flâneur）乘兴出游了……不知为何，这样的"都市闲游者"更多地予人一种女性的印象，是因为她（他）们的目的地多是"梅西"这样充满着商业奇观的所在吗？无论如何，不要告诉我男性的纽约客就一定脱卸于这种奇观之外呢！套用雅克·拉康的说法，欲望并不取决于性别本身，而取决于性别的差异，换句话说，你看到了什么并不重要，重要的是适当而得体的反应——观看某种展现的同时也就意味着自我展现。

兴致勃勃的闲游者很快就发现，大都市并不需要一个博物学家，"自由"不是穷尽所有的可能，而是占有选择的权利。这种权利让他觉得自己还有存在的理由——对于一个常出没酒吧的饮者，"时尚"的意义不再是能喝多少杯，而是懂得怎么样调配各种令人眼花缭乱的可能。

在世纪末的再次出游中，我们领略到的已是一种新的人类关系的神话，那些"都市闲游者"的目光不再新鲜而稚涩。或许，通过铺天盖地的大众媒体，那些奇观对他（她）而言早已耳熟能详？或许是这身临其境，愈发使得他（她）觉得个体的微末与渺茫？最令人困惑的，是文化"共享"的前提却是各自为营，而今天纽约客的感官已经交割完毕——这一切，甚至在闲游者出发的旅程前就已发生了：他（她）的目光交给了各类快餐读物，他（她）的听觉，交给了 ipod 和各种他（她）不得不忍受的机器噪音，甚至他（她）的嗅觉，也已对大街上不知来源的各种气味习以为常。第一个带上索尼随身听（walkman），似乎是漫不经心地融入都市人流中的赶时髦者，为自己创造了一个闹市之中的疏离世界，这世界前所未见于人类历史。

——以一种与世无争、却又咄咄逼人的姿态，他（她）分明是在告诉世界：我来了，可我和你们无关！

当你正困惑地面对着这茫茫人海，有一种流行于纽约客之间的"六分隔理论"（six degrees of separation）正随风入耳，它既像正儿八经的学术研究，也像一种蛊惑人心的宗教信仰，鼓励你身体力行。继哈佛

都市闲游者

法语 flâneur 的意思是"闲逛"，法国 19 世纪的诗人查尔斯·波德莱尔将"闲游者"形容成一个"城市街道之中闲游的绅士"。在他之后，瓦尔特·本雅明（Walter Benjamin）又给波德莱尔本人加上这项封号。"都市闲游者"具有两种属性，他既是欢乐的都市活剧中的一个演员，又时常孤独地游离于人群之外，他的矛盾也是现代社会为个人和集体创造的龃龉。这个"人行道上的植物学家"，具有对于自我的高度意识，应对于大都市里令人束手无策的"集体"和"速度"，他赖以反抗的手段是一种本能的"腻烦心"（blasé attitude）——惹不起我还躲不起吗！虽然对出名求之若渴，"闲游者"有时也不妨喜欢自己的这种匿名性（Georg Simmel），在想象之中，他们获得了所谓的自由和个性，至少在名义上，他们反对一切体制化之物：历史、文化、技术……"闲游者"的出行，既是一种对既成事实的依赖和欣赏，它同时也是一种个人重新解释集体的契机。

有名和无名

纽约的早期摩天楼往往代表了上升阶段的垄断资本家的雄心，为了和别的资本家进行市场竞争，有效地塑造自己的大众形象是一个有效的手段。但是，和传统的威权社会相比，"形象"不再仅仅是一种系于物理场所的东西，它和新的经济需求休戚相关。比如那一度成为自杀者圣地的 47 层 Singer 大楼，便是 Isaac Singer 的缝纫机公司，第一个在海外设立分公司的以及拥有世界市场 80% 的美国公司，一旦建成，便成了世界上最大的办公室建筑。但是，即使有钱建造这座大厦的资本家，也未必会整个占据这座大楼，公司的"命名权"足以使他们的影响延续到许多年后，即使这座大楼已经不是他们的财产。

大学的米尔埃之后，哥伦比亚大学的社会学家邓肯·沃茨（Duncan J. Watts）在2001年开始推广他的"小世界"实验，沃茨试图证明，理论上说来，世界上的每个人都可以认识另一个人，一个感到孤独的都市倦客和世界上另一个毫不相干的人，其实只有六通电话之隔，本着这种信念，在纽约生活的白人学生爱丽思，可以轻松地找到一位远在印度、一辈子没有出过国的工程师。

意味深长的是，这个理论的成功——我们姑且假设它的正确——其实只能映衬出一种反面的现实。如果人们之间其实原来是如此接近，那么这个城市里"一起孤独"的人为何却会长久地疏离？事实证明，人们之间的距离不仅仅取决于相识的意愿，他们占有的社会资源和与生俱来的背景差异，也早使得他们形同陌路。2006年年末，美国广播公司以沃茨的理论举办一场电视真人秀，游戏始自于居住在纽约上城的两位富裕白人，电视主持人要求他们去寻找一位哈莱姆的黑人拳击手，黑人拳击手再去找一位百老汇的白人舞蹈演员，这些人事先互不相识，但不得查询电话号码簿，而只能依赖各自的人际关系网络。结果，白人很快就顺利地完成了计划，信心不足的黑人拳击手抱怨说，对他来说，这场游戏本是不公平的，因为那两个白人显然比他认识更多的朋友，也有着更广的熟人圈子。

意味深长的是，在今天，即使那些Skype、Facebook，或是MSN上存满联系方式的万人迷，他们的朋友圈子里也未必找得到传统意义的三两知交。从一开始就怂恿形形色色的个人化和私有化，纽约城市的发展总是增大了规模，提高了多样性，却甚少鼓励社会交往真正的整合和稳固。在这城市的形象中，似乎没有永远的朋友或爱侣，一切都是随风聚散，这种新的不确定性甚至在建筑的使用上也可见一斑：和文艺复兴的府邸或是亚洲的家族企业不同，很少有一个公司会在纽约占据整座大楼，作为事业稳固的象征，一幢摩天楼的冠名权已经蔚为可观，看来没有人像过去的贵族们那样，在乎二十年后这个企业是否还在同一座建筑之中。

在这个人海茫茫来去倏忽的大都市中，其实没有一个人可以找得到另一个人，纽约客因此获得了前所未有的自由，但他（她）同时也得忍受成为一个"看不见的人"，骄傲的他对身外之事高高挂起，以对个人自由的尊重为名，别人对他的死活也漠不关心。"urbanus"这个拉丁字，从老普林尼的时代就已经意味着一边倒的状况，对怯懦乡村老鼠的生存能力，都市的老鼠嗤之以鼻，"都市人"首先要有一副很硬的心肠和身板。在纽约，强悍的纽约客像《纽约时报》那样，绝不讳言世界上一切能言之事，不管是性、上帝，还是狗屎。

纽约城市的最新发展则对应着纽约客的心路历程。面向传统、乡土和理性，凯文·林奇理想中的城市应使人轻易"识途"（wayfinding），可是，使这样一座城市具有"可意象性"的五个要素，在纽约却几乎全不存在：它并无一条当然的"路径"，东南西北悉听尊便；它漫无"边际"，约定俗成的界限只是存在于契约和地图之上；它因此也没有什么严格的"区域"或"节点"，这个城市在地面上空五米处被拦腰砍成两截，和山崎实本能地意识到的那样，它云里雾里的"地标"并不能和地面上的访客发生什么关系。林奇或许会抱怨纽约这样的城市不堪人居，可是纽约客的反应和理论家们的预言恰好相反，因为，如果一旦谁开始不堪忍受，便意味着他在这座城市已彻底失败。

"理智之梦产生妖怪"，戈雅如是说。建筑历史学家托马斯·凡·莱韦（Thomas van Leeuwen）因此把纽约使人惊悚的早期发展归结为三样东西：资本、格栅和臆想（fantasy），私人"资本"和无止境的对于利益的追逐，提供了一切一切的物质基础；"格栅"是一种冷酷的方法，它的实现无视情境，只依赖于坚忍的心智对于理性的服从；归根结底，是"臆想"往这种斯多噶式的坚忍里注入最后一注兴奋剂。

在纽约充满了臆想，与现实无关的臆想……无论是云端里高不可及地镀了"克罗米"的克莱斯勒大厦式的尖顶，地铁之中的"随处即兴"，还是打破常规的"翻转"，还是西区赤裸裸的粗野主义，还是唐人街随风飘散的气味，在单调与威权的缝隙间，是斑斓的色彩，格外丰盈的色彩，它需要这种色彩，过量的色彩，使人晕厥的色彩。

大多数时候，建筑"设计"或是行政"管理"的意义，让"物"的直接性淹没了，像火山一般爆发了的城市的质地，散落在格栅的万千小格之内，变得像罗马镶嵌画那般斑驳破碎。煞费苦心地，设计师和管理者祭出各种头痛医头、脚痛医脚的局部措施，比如通过商业改善区 BID（Business Improvement District），来为那些病入膏肓的区域调养生息，可是，这种桎梏和屈从之间的张力，并不是一直都能维系着微妙的平衡。

1977 年 6 月 13 日，闪电击中了北威郡（Westchester County）的爱迪生公司变压器机组，爆发了历史上有名的又一次纽约大停电，不同于 1965 年停电的后果，平日里还彬彬有礼的纽约客，一转眼就成了无法无天的狂徒，而这乖张无行绝不限于有色人种。仅仅是在几分钟之内，警察局的电话就让报案者打爆了，25 小时之内警察居然了签署了 3000 份逮捕令，平均一分钟两份。在夜色和光天化日下的哄抢之中，多达 3 亿美元的公共财产受到了破坏，兴高采烈的暴民们，扛着从床垫到电视机的各种"战利品"在大街上奔走……情况如此不可收拾，以至于纽约市长不得不考虑请调联邦军队来维持这座城市的秩序。《纽约时报》后来感叹道：

> 不仅仅是（1975 年的）城市破产病痛着我们，不仅仅是管理不善，不仅仅是我们皮肤的颜色差异，口音不同。闪电可能再次击中我们，果若如此，将

是人的状况比机器更暴露出问题。我们该立即开始理解这样的事实：至少在某些方面，这些创痕其实是自作自受。

《纽约时报》的编辑继续写到，1960 年代滥汜的自由，并没有给人们带来多少有别于摩西时代的福音，对于人的心灵而言，这个紧绷绷的城市依然过载（overloaded）。

近三十年后的今天，这依然可畏的城市的神经是否有所舒纾？越来越多的人们已意识到，这个城市的运转不仅仅依靠着金钱的投入和先进的机械。1976 年，米尔顿·格拉泽（Milton Glaser）设计的"我爱纽约"标志的紧要处，是一颗"心"，这颗心需要更多更轩敞的空间，以交流和休憩，而不仅仅是一支私人的城邦武装"天使护卫军"（Guardian Angels）。

骚乱

直到"9·11"为止，对于久已习惯和平生活的纽约客，纽约大规模的动荡，似乎要回溯到一百多年前的兵役骚乱（New York Draft Riot），1863 年 7 月 13 日的那次骚乱，导致了多达 100 人死亡，与此相比，战后民权运动时代的种种风波，比如牵涉到同性恋群体抗争的石墙酒吧骚乱（Stonewall Riot，1969 年），似乎并不是什么大不了的事儿。在纽约经济萧条的 1970 年代末，诸如纽约大停电这样的"事故"，暴露出来的更多的是一种群体性的人性崩盘。

犯罪之都

对外来者而言，纽约客有两种截然不同的形象：一种是通俗文学之中的疾恶如仇、古道热肠；另一种却是自私冷漠，涉及自己利益时咄咄逼人、事不关己时则高高挂起。不管怎么说，1979 年，当柯蒂斯·斯利瓦（Curtis Sliwa）呼吁组成一个非官方的私人民兵组织"天使护卫军"时，人们显然对前一种纽约客已经失去了信心。它针对的是那时候已经泛滥成灾的地铁犯罪和其他治安问题，正是这些问题，使得那一时期的纽约地铁赢得了"世界上最不安全的地方"的恶名。

光、声、色、影

"百老汇"（Broadway）本义是条纵贯南北的街道，然而，这条纽约最长的街道同时也是这座城市的代名词之一。在欧洲新移民初抵纽约的那些冷湿的雨雪季节里，它见识了三一教堂附近的小酒屋里粗俗的把戏，这纽约都会戏剧的开始直截了当，它省略了欧洲大都市剧院巴洛克式的室内奇观，直接进入顶层包厢里面上演的幕幕咸湿的好戏，事先收了"小费"的警察也不干预，在他们看来，"法律无涉（剧院里的）公共色情"。

20世纪的前半叶，或许是受控制移民的法案所影响，随着外来人口的显著减少，以及新移民家庭的生根结果，原先纷纷扬扬从旧大陆吹落的"文化"开始沉积，纽约不再仅仅是一座金融市场、一个船运码头、一座庞大的工地，托尼·帕斯特（Tony Pastor）在14街和第三大道的剧院，以及韦伯（Weber）和菲尔茨（Fields）在29街和百老汇建立的音乐厅，开始决定着辛辛那提和旧金山的时尚，有现代舞之母之称的伊莎多拉·邓肯（Isadora Duncan）则在大都会歌剧院奠定了她职业的成功；据说，乔治·格什温是在110街的寓所写下了《斯瓦尼》(Swanee)和《蓝色狂想曲》，而两次大战之间在南卡罗来纳州查尔斯顿兴起的舞蹈狂热，也要在纽约才为世人所知。

自此，戏剧演出在纽约的功能不仅仅是自我消遣，它也是一座桥梁，桥的这一端是本不登大雅之堂的街头俚俗，桥的另一端，则是传统意义上属于室内的"高雅文化"（high culture）。

用不着等到20世纪末《蝴蝶夫人》在时报广场的露天演出了，在室内剧兴起的同时，这座城市也同时成为一座现代奇观的露天剧院。这剧院无须轩敞的空间，它再次证明了海德格尔的名言：空间的重要性不在于自身而在于其位置经营。和博览会之类的临时展台不同，纽

42 街，Jack Okey，导演 Lloyd Bacon。

约这座室外剧院并没有一个露天的、公开的场地，即使是熙熙攘攘的时报广场，在东方人看起来也是如此之小，它没有巴洛克剧院深邃而阔大的重重布景，也没有透视图画里"白色城市"那样醒目而宏伟的公共广场。但是这一切完全不妨碍这城市成为一座伟大的舞台。

难道，像西方美学家们所深信的那样，人类历史上果有这种因为未成熟的稚气而"天真"的文明？不可否认的是，初期的纽约文化不可思议地带有某种自我表现的鲜明特征，就像文艺复兴时期的威尼斯人以澎湃的热情描绘自己——这热情和今天的自我迷恋尚有所不同。1899—1900 年，在塔莉亚剧院（Thalia Theater）热演的戏剧，故事里或许正预示着那个朝气蓬勃的早期纽约的命运：东区犹太街（East Side Ghetto）的流氓大亨，一个成衣制造商莱夫科维茨（Lefkowitz）引诱了一位犹太少女安妮，她的父母将他告到法院，在法庭出庭时，同样爱恋安妮的制衣工人利伯曼（Liebermann）慷慨陈词道：

> 安妮，向我，不要向他们寻求正义！他们于我们无正义可言。对我来说，你的无辜无需证言——我在你的眼中看到了纯真。

这种带有今天我们称为批判现实主义色彩的戏剧，赫然在资本主义的心脏里上演，并且大获成功，那正是西奥多·德莱塞以来的美国文学的伟大传统的一角，它的悲悯里含有黑白分明的正义观——城市无疑是罪恶的渊薮，它站在无可奈何地凋落的美好文明的反面——但很快，这种"纯真"的自我表现，它暧昧而诱人的堕落，连同它叹为观止的布景，都成了混杂一体的奇观。

——今天，从时装设计到建筑设计，小到一件颈项上披挂的首饰，大到容纳万人的办公大楼，名设计师赖以扬名立万的作品，大多在纽约初试啼声。好奇的人们不禁要问：这件作品放在别的地方展示，难道真的会有什么不一样吗？因为"曝光度"（exposure）——你会时常听到这样的回答；可是，更好的答案或许是：纽约不仅仅是一个奢侈品的展示场所，它就是奢侈生活的本身。位于东 57 街 19 号的路易·威登大厦，由法国建筑师克里斯蒂安·德·包赞巴克（Christian de Portzamparc）设计，是纽约近年来少见的"出位"作品。尽管这夸张的设计和"文脉"无关，这种矫饰于它的主顾却无比切题，建筑四面嵌入陶瓷微粒用不同方法制作的玻璃，使得整座大楼像是一块失了尺度感的宝石，和它比起来，SoHo 任一所妖娆的画廊都显得寒酸了。

建筑所带来的"奇观"在纽约有更直观的含义——还是那座阴魂不散的世贸大厦，它生前带来的惊悚已经蔚为可观。当年，它的主体工程建成仅仅一年，还没来得及剪彩和收拾工地上的零碎，法国马戏团的走钢丝大师菲利普·珀蒂（Philippe Petit）就打上了它的主意。1974 年的 8 月，珀蒂和他的朋友们偷偷溜上大楼顶端，在世贸两座塔楼之间搭上一根钢丝，在那里走上了 8 个来回，凭着这一"壮举"，珀蒂赢得了一张本该是"永久"有效，却只沿用到 2001 年 9 月的世贸通行证。

8 个看似轻巧的来回，却有 6 年的准备时间，这"奇观"已经不再是仰下头掉顶帽子，而是一个人豁出身家性命的蓄意冒险。早在 6 年之前，在巴黎牙医的诊所里，珀蒂在电视里看到尚未竣工的世贸那一刻，他就知道自己的演出已经开始——就像他自己说的那样，看到三个橘子他就想玩一把掷球游戏，看到两根柱子他就想走钢丝——而露天剧院里珀蒂的观众早已自动就座，看热闹的纽约客，绝不会婆婆妈妈地去想"这家伙要是掉下来怎么办？"名义上，珀蒂的行为触犯了公共安全的法律，可是就像对待那个地铁"英雄"托马斯的态度一样，法院对此类"事故"的判决从来都不认真当回事，事实上，他们最后

42 街剧院（42nd Theatre），这座剧院的新址原先是一座银行（Manufacturer Hanover Bank），出自库哈斯和 Gluckman 的改建，它蓄意素朴的室内看来确实有些斯多噶式的坚忍，但同时却有一个橘红色的洗手间。

走钢丝

除了珀蒂之外，在空中跃过双塔之间距离的生灵，大概只有那个好莱坞的宠儿——金刚。事实上，1970 年代版《金刚》的宣传画里，为了模糊那不大可信的兽与塔的比例关系，特意把金刚画成了透视前景里的高大身姿，好让它做出轻松一跃，而跨过南北双塔间深谷的样子。可是，珀蒂的走钢丝表演可不是模棱两可的宣传画，这个实实在在的、由渺小的人的肉体创造的奇观，着实改变了这座大厦在通俗文化之中的意义。1968 年，珀蒂不过 18 岁，在巴黎，他在他牙医的诊室里读到了一篇关于世贸工程的报道，这个把他的超凡技艺和"世界上最高的……"大胆联系在一起的想法，使他的牙痛又延长了另外一周。六年之后，充分准备了的珀蒂来到了纽约，注意，和安吉丽娜和麦当娜一样，他这可是第一次来纽约。

要说那时候世贸大厦的保安可也真差劲。1974 年 8 月 7 日的夜晚，这个"恐怖分子"珀蒂和他的朋友们兵分两路，带了大包小包的设备分别潜入南塔和北塔，居然没人发现。他们花了整夜的时间才把钢丝搭好。清晨，珀蒂开始踏上两塔之间 130 英尺的空洞，起先，只有一两个人发现了天上 1368 英尺之上的动静，后来地面上的行人便越聚越多——当他们意识到，那是一个"人"在移动时，像近一个世纪之前，围观纽约第一座摩天楼"塔厦"施工的观众那样，看客们一步也不能挪动了。

警察查尔斯 · 丹尼尔斯（Charles Daniels）奉命上到塔顶将珀蒂逮捕归案，可是，到了塔顶他却不知如何是好，"我观察着那个走钢丝的'舞蹈家'——你总不能叫他'行人'吧——悬在双塔中间。他看到我们，露出微笑并大笑起来，然后开始表演他在钢丝上例行的花样……他到了楼边，我们让他下来，但他却背转身去，又向钢丝的中央走去，上下跳动起来，他的双脚实际上已经离开了钢丝……简直是不可思议……下面所有看的人都着了魔似的。"

在公众热情的呼吁之中，纽约市权力部门并没有深究珀蒂的法律责任，他的"壮举"，使得世贸工程甚至在它尚未完结之前就已经声名大振。纽约港务局赠给他一张可以终生使用的南塔门票，珀蒂应邀在他行走过的钢梁上签下了自己的名字。

的"惩罚"，就是让珀蒂给纽约的小孩们再来一次走钢丝。毫不惊奇，珀蒂2002年的回忆录《直入云端》获得纽约客的一致叫好。

——在纽约表演的魔术师有一个好听的名字，叫做幻师（illusionist）。

从巴洛克时期以来的欧洲戏剧，大量依赖于舞台搭建景片（tableau）所造就的幻觉，而纽约城市中表演的幻师更加不可思议，因为他们就出没在纽约客的生活秀之中，他们的身后并没有一台复杂的布景。ABC电视台举办过一个电视秀，名叫世界魔术大奖（World Magic Awards），为了推广这档节目，一个年轻英俊的魔术师迈克尔·格兰迪奈蒂（Michael Grandinetti）被邀请来在纽约的大街上当众表演，哪儿人多他扎哪儿，大中央火车站、中央公园、洛克菲勒中心……拥挤作一团的路人目瞪口呆，他们看着迈克尔当众把一个女人"浮"在半空。

比这街边魔术更使人绝倒的，是那些身体力行的亡命之徒，他们把真的危险和假的惊悚混为一谈。2006年5月，林肯中心的门前挤满了过路的游客，或是专程前来，或是顺道路过，他们瞪大了眼看到一个叫做"生生溺毙"（Drown Alive）的露天表演，水晶球里游动的不是美人鱼，而是一个疯狂地挑战各种极限的"幻师"大卫·布莱恩（David Blaine）。这个来自布鲁克林的纽约客，17岁时曾经在"地狱之厨"居住了三年，有着一颗像是在地狱里历练出来的坚强心脏。1999年，房地产大亨特朗普——这个人的名字在我们的书中一再出现，看来绝不是什么意外——帮助他在一个叫做"先葬"（Premature Burial）的表演中一举成名，一年之后，在时报广场，布莱恩再次表演了叫做"时间冻结"的幻术。

这种"幻术"听起来更像是行为艺术家的自杀（或者是自虐）表演，他可以把自己活埋在棺材里，或是冻在冰块之中两三天，乃至一个星期，只靠流质和氧气管维生。在零星的电视采访中，布莱恩断续透露说，虽然他使用了一些防护性措施，但是表演这种"幻术"确有生命危险——事实上，在"生生溺毙"的末了，布莱恩就当场昏厥了。在表演之前布莱恩宣称，他要打破在类似环境中的生存记录，不仅如此，结束之前，他还要打破在水下屏息的世界纪录，但是他并没有如愿以偿；相反，布莱恩出现了严重的肝脏衰竭等一系列症状。

无论是近千英尺高空一条细线之上移动着的那个小小的黑点，还是玻璃球后面翕张着嘴唇，像福尔马林溶液之中泡着的一条金鱼似的"幻师"，都够不可思议了——这使我们想起的，不也是《香草天空》之中，帅呆了的男主人公从大厦上将要跌落的瞬间吗？奇观来自于巨大的危险，表演者试图说服人们，这危险其实是由机械般的精确性控制着的，发生悲剧的几率几乎为零。

可是"9·11"告诉人们，不可知的危险的后果永远和数学公式无关，"奇观"的表现和支持它的内在逻辑无关。

抛开"行为艺术"的语境和种种复杂的社会学原因，人们看到的事实却是，类如辛尔（Singer）大厦那样的早期摩天楼建好之后，很快就成了自杀者的好去处。大都会里生者的经验，其实和自杀者并非全无相似之处，两者都渴望着用实在的肉体去撞破那不可见的心的网罗——在郊区"销品茂"将廉价生活所需一网打尽的年代，从镀金时代开始滋长出来的歌声魅影，就已经彻底更新了"橱窗购物"的内涵，在今天，对于城市空间的观感，无疑也彻底超越了物理地方：地价昂贵的城市百货商店不再是图实惠的小市民淘便宜的去处，它甚至也不能安顿那些昔日消费社会的"上帝"们。

如今，地面上五米之内真的是"如同无物"了，到处流溢着一种虚幻的透明性。

俘获的星球。

这种透明性不仅是一种视觉效果，它也是一种空间调配的权宜之计。近年来颇受瞩目的纽约现代艺术博物馆（MoMA）新馆，便由日本建筑师谷口吉生操刀，再次用山崎实式的东方魔术，把西方都市的"内急"化解为无形。这位哈佛大学设计学院毕业的日本建筑师，丹下健三的学生，虽然是首次在日本以外建造如此重要的项目，却点中主题，一改纽约街区内互不贯通的积弊；他不去挑战无可妥协、水泄不通的建筑边界，而是改在它的观瞻上大做文章。谷口使用高挑的格局和大面积玻璃，营造出一种四处弥漫的透明性，这透明性自入口厅始，由 54 街一路通透到 53 街，在视觉和心理上把原本界限森严的室内展馆、高墙围护的雕塑花园，以及不可望亦不可及的两条东西大街连为一气。

一位来自台湾的建筑师在自己的博客上写道：

你置身在大厅内时，视线会不自觉的接受户外雕塑花园的邀请……我造访 MoMA 这天，正好是连日阴雨之后好不容易放晴的午后，光线里有一种含着水汽的象牙白的厚度，我站在大厅内向花园眺望，那一整片的玻璃墙仿佛不消多久就会被高密度的光线给熔化掉，但是当我身处花园朝耸立的建筑仰望，眼前的建筑就像是一个巨大的玻璃盒子，人们在这座玻璃房子里有的移动着、有的面窗而立……人、空间，以及空间里的人因为视觉的透明感而拉近了距离。

对于 MoMA 新馆中悄然浮现出的新奇的"通透感"，那些念旧的老游客们评价不能算高。但在新一代的建筑师眼中，这种刹那间的空间幻觉并非是对于参观的干扰，它弥漫的空间经验，竟然也可以算作对参观动线的观者的人性化补益：封闭的室内空间和艺术品，此刻奇迹般地向城市开放了……原先深藏在都市腹地的花园，巧妙地由反复叠映和折射，出现在街边过客的视野之中。

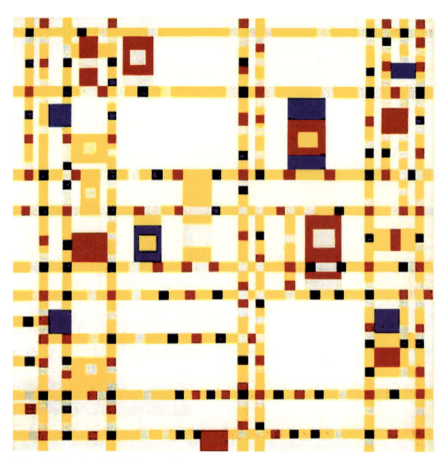

蒙德里安的"百老汇的摇摆舞"可以看作是一张曼哈顿的平面图。

前页和本页图：纽约现代美术馆。

不曾伤筋动骨，雅各布斯曾经诟病过的坚实不可逾越的街区的墙壁，居然出现了一丝裂缝。

这种奇妙的弥漫经验，其实早已出现在现代主义者的企求中——密斯一再面对的两难，便是如何兼顾空间和结构，一方面材料的选择最好坦诚如"无物"，一方面又眷念寓于坚实的古典秩序。当代建筑师却无这种三心二意，他们不介意空间而专注于"变化"——这才是建筑和纽约，一个上五十年都对"纯粹建筑"了无兴趣的城市的连接之处，按照哥大才子屈米当年的理论，曼哈顿浮游于空间、运动、事件的三岔路口，它们逐一对应着我们这个世界的总体结构、个人对空间的经历，以及群体性的社会关系，三种不同的视觉惯例，相应地刻画出了三种迥异的接受情境。

理论终究是灰色无味的，在现实之中，是那闪耀着的光亮的流动，使得三者合而为一了。

在他的晚年，1944 年，荷兰风格派画家蒙德里安从战火频仍的欧洲来到纽约，并终老于此地。是他的作品，比什么高妙理论都更直观地说明了两种不同的对于"格栅"的理解。一方面，他早年作品中的格栅，依然有着早期现代建筑中工业产品式的严整；另一方面，是纽约这座格栅城市，帮助他将这种严整的阵列重组成了缤纷而错综的幻视——梅尔·夏皮罗评说道：只有在纽约，蒙德里安才真正捕捉到了他作品的精神，像《百老汇的摇摆舞》（Broadway Boogie Woogie）[2]那样，城市就是一种无休止地的规律单元的重复，这貌似枯涩的重复里，开出了熠熠的花朵：

灯光，人影，车流。

金色：其实，这城市里人们所目睹的金色大多和金无关，它们是被波特曼和特朗普滥用了的廉价的黄铜，不是埃及法老图坦卡蒙的黄

[2]
蓝调（布鲁斯）的钢琴曲调之一，特点是每小节四拍，八分之一音符的固定低音，并伴有即兴的音乐变化。

金；尽管如此，没有什么比黑色锻钢与金色黄铜的组合更能表现这座城市的性格了，比起上个百年的世界之都巴黎，纽约的金色并不因此掉价，可是它均匀的质地里却分明反射出一种非人的冷静，那种工业生产特有的咄咄逼人的"机器味"，一个不可进入的镜面。

银色：银色原本是金色的情人，它和金色成对存在，可是，无论是和时报广场巨大的LED，还是第五大道上富贵逼人的金色大门相提并论，旧工业时代的"克罗米"如今都显得黯然失色，在汽车尾气之中站久了的闪亮雕塑，即使是"星球大战"式的太空盔甲，也经常变成灰黑而光彩不再——且慢，那边来了一个真正银色的雕塑……原来"它"是一个涂着金属色油漆的真家伙，陪你照相只为了讨些零花钱，"他"不是高高踞于中央公园南端黑色花岗岩底座上的雕像，那些美洲革命的骄傲，"他"的目光不再趾高气扬……

石头：那被空气玷污了的混凝土，事实上是取自山谷中石灰化的凝固的尘土，这凝固、沉重而白皙的尘土绝不飞扬，它使得这个城市中间几乎不见真正的尘土——人们不禁会想起乔治·巴塔耶的悖论：童话里，千年后那个睡美人一觉醒来时，她的身上难道就没有厚厚的尘土？

玻璃：就像谷口吉生的作品那样，玻璃似乎是透明的，但玻璃又不可能完全是透明的，它们所反射的幻影和承载的进深，共同构成了柯林·罗（Colin Rowe）所津津乐道的，那种不停地互相渗透和转换着的"透明性"。柯林·罗特意强调，这种"透明性"不是字面上的透明，换句话说，并不总是玻璃才能透明，它反映的其实是种错综复杂的社会运动、肉体官感和心理感受之间的关系，有些地方可达而不可见，有些地方，却可见但不可达……当身和心，心和眼分离之际，没有什么不再是人的经验不可穿透的了……

早在1906年，在纽约犹疑不定的俄国人阿列克赛·马克西莫维奇·

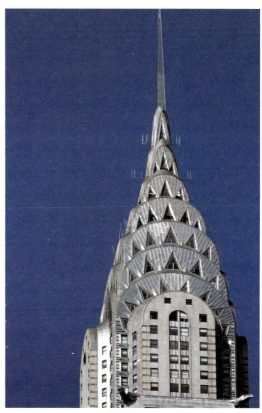

本页图：威廉姆斯夫妇设计的民间艺术博物馆。

© Tod Williams Billie Tsien Architects

© Tod Williams Billie Tsien Architects

© Tod Williams Billie Tsien Architects

© Tod Williams Billie Tsien Architects

在纽约，"空间"已经随着那点稍纵即逝的光亮而消融。

彼什科夫，就已经看到了这座有"滥泛的光线"的城市中的困惑，"这座城市，乍看起来充满魅力……但在这座城市中，人们看到囚禁在玻璃监狱里的光线时，他终将会理解，此处的光线，如同其他所有东西一样，是无地自由的。它们服务于金钱，它为了金钱而对人充满敌意地冷漠"。

这个俄国人也就是鼎鼎大名的苏联作家高尔基，他怀有敌意的，是一个他无从把握的"镀金时代"，在 20 世纪初世界革命的前夕，它的金黄映照的是"穷人"无助的、营养不良的面孔。今天，苹果公司的系列产品所开启的时代，则俘获了"普通人"全部的灵与肉——像"苹果店"在 SoHo 和第五大道的卖场一样，人们到达这个时代，需要上下一道完全是玻璃制的楼梯。它是暧昧的、乳白色、半透明、若隐若现，中产阶级偶尔的复古趣味，表现在多样化的、混融的色彩和层次，里面有种依赖于手工艺才能恢复的，对于过去生活的幻觉。

和"工艺美术运动"之类一本正经的乡愁相比，这种回潮终究三心二意，"匣与桶"（Crate & Barrel）销售的此类家庭用品，其实还是大规模生产，谈不上多么血统高贵。但是无论日本纸，还是昂贵的皮革培育起来的新触觉，至少已经不再是单纯的"反光"或"透明"可以概括了，它们就像威廉姆斯夫妇设计的纽约民间艺术美术馆那样，有着烈火锻造出来的陶瓷般的表面，在这里面有着一种使人沉醉的视觉混融，九曲回转却导向无处，这些表面像一个深不见底的"表现的深渊"（abyss of representation）。

在纽约港升腾起烟雾的清晨，一线若隐若现的光亮穿过华尔街，这光亮投射在那象征股市大发的铜牛的脊背上，像是在向这传统递去一种古代仪式里的敬意，这光亮也迅疾地掠过每张含有倦意的脸。

薄暮的时候，这线光亮逗留在无线电音乐城（Radio City）的天台，霓虹灯是这个城市崛起的象征，看不见的电波向外发送，在想象里把这线光亮送抵世界之巅，声名，声名，自这个时代开始，不再是清晰可见的高耸的权威，而是虚无缥缈的声名踞坐于世界之巅，声名重于一切。

夜深了，一切遁于无形，尽管无人值守，城市依然在工作，不管是 1960 年代、1970 年代、1980 年代……这时候，摄人心魄的，不一定是 42 街时报广场和百老汇大街形形色色的霓虹灯，而是汽车前盖烤漆上、晶莹塑料制品的表面上、各式仪表的外壳上，乃至巨大车库的不锈钢门闸上……一切抛了光的表面上发出的黯淡的折光，在广告橱窗的玻璃反射里，你偶然会看到一点比美女的眼神更真实的闪亮。

每天每个人有两次迎向这光亮的机会，无论他们居住在时尚的新港（New Port），还是鄙陋的皇后区，来往曼哈顿和岛外时，他们都会在穿越水面那会儿回望，而后一头扎进混融的黑暗或光明，或是怀着希望开始，或是带着对于明天的不确定感离开。对于纽约"客"而言，他们的睡眠之地不在曼哈顿，对他们而言，曼哈顿没有生活，它只是一个影像。

在纽约，"空间"已经随着那点稍纵即逝的光亮而消融，虽然，这种解体更大可能上只是一种假象，因为我们知道，在地球上的其他角落里，每天依然有人在饿死。

6

风 景

美丽之城

湍流

激水之城！

樯林

帆影之城！

我的城市！

——瓦尔特·惠特曼

逃离曼哈顿

150 万年之前……冰河纪的最后的一座冰山形成了两千英尺厚、四千英里长的一座冰墙，它从今天加拿大的位置横扫整个北美洲东部，直趋北大西洋，在距离曼哈顿不远的地方戛然而止。这远古冰川的融水侵蚀并帮助形成了哈德逊河谷，大水从上州的山谷之中急坠而下，而曼哈顿和它北边的布朗克斯矗立于一条更为远古的巨大火山岩，在海平面以上高高拔起：福德姆片麻岩（Fordham gneiss）、英伍德大理

百川归海，最密集的水道汇集处便是地球上最人工化的去处，大比例的区域地图上，城市和自然的关系昭然若揭。

纽约的父兄

瓦尔特·惠特曼（1819—1892）生于长岛，久居于布鲁克林。华盛顿·欧文（1783—1859），一个19世纪初期的著名美国作家，则是一个土生土长的曼哈顿人。和梭罗等人一样，他对土著的"北美人"，也就是印第安人，怀有同情的心理，在惠特曼游历美国中西部之后，他对城市和土地的关系有了一种新的理解，对白人殖民历史之前的"自然"状态产生了特殊的兴趣。"尼克博克"（Knickerbocker）也就是《纽约外史》一书虚拟的主人公的称呼，是一个荷兰的姓氏，自从欧文的小说之后，它便时常和纽约城联系在一起——在纽约客的心目中，尼克博克是纽约城的第一个家族，这也是NBA之中纽约尼克斯队（New York Knicks）的语源。

石（Inwood marble）和曼哈顿片岩（Manhattan schist）——今天，只有在中央公园凸起的小山丘上，这些地质构造才偶露峥嵘，与芝加哥和新奥尔良这样在淤泥上建立起的城市不同，曼哈顿坚硬的地盘本身就源于一个自然的奇观。

这样的奇观本该潜行于遥远世纪以前猛犸的梦里，可是如今它却栖身在中城一幢高耸的办公楼中、某家著名公司 CEO 办公室的墙上。

那是一幅著名的广告——计算机合成的图景之中，遥远的不可思议的洪荒时代的自然，和今天同样不可思议的人造世界合而为一了：哈德逊河从花岗岩的悬崖上奔泻直下大西洋，但悬崖的边际却是如同石笋般密织的摩天楼。

在潜意识里这卷土重来的劫难，从来没有远离过纽约客的内心世界：一次次地，纽约埋葬在深不见底的大雪之中（《后天》），沉没在升起的海平面之中（《人工智能》），或是现身于一片荒野之中的废墟里（《人猿星球》）……在这想象的灾难之中，"自然"既是昔日的隐士心目中的赎罪所，更是他们末日来临的象征。似乎只有通过这种可怕的轮回，亨利·大卫·梭罗所提到过的城市人的"静静的绝望的生活"（《瓦尔登湖》），才能最终走向终结。

19 世纪著名的文学评论家罗斯金说，所有西方风景都可以按颜色划为四类，绿荫丰美的伊甸园风景，蓝色的为文明所习染的风景，灰色的狂野的蛮荒风景，或者是褐色的峻嶒不平的山景。

今日的纽约却挑战着这种分类——在华盛顿·欧文的《纽约外史》（*Knickerbocker's History of New York*）中，如今成为"野性、邪性加俗艳"的西区的地方，1806 年本是绿色的田园，"一片甜蜜的郊野，美丽的明媚的花朵，纯净的溪流流经之处，一切变得清爽，点缀其中的怡人的荷兰村庄生机盎然，这些景色为缓缓的小山依托，几乎湮没在一片蓬勃的树林之中"；但是今天，这片单纯的风景已经变得斑驳不清了——人造的、虚情假意的绿色混合着花哨的商业符号的海洋，褐色高耸的混凝土人造地形，和灰暗的工业时代带来的垃圾的平原组成了新的大地景观。

在乐观的人们看来，"风景"并没有真正远离这座城市。正如安妮·斯本（Anne Spirn）所看到的那样：

> 一座城市的深层文脉可能是隐而不现的，深藏于层层人工构物之下，但它对都市风景有着巨大的影响；缔造曼哈顿的摩天楼将它的基础置于岩石之上，这些摩天楼掩盖了岩石地表，但是它的天际线却使得后者昭然若揭。

起伏的天际线宛若群山，泄露了这个地球上最人工的场所和自然之间的秘密联络，列维—斯特劳斯道出了这种意味深长的联络的实质：当代的城市和其他大部分艺术品都不同，它消弭了人工和自然之间的界限，对于文化而言，它构成了一种新的无所不在的"环境"；对于真正的"自然"——如果它依旧存在的话——来说，城市却又是一个异质性的客体。

人工和自然在纽约结合的一部历史，造就了所谓都市"景观"（urban landscape）。这景观并不全然是一种隐喻，以一种隐晦的、不甚可见的方式，它包含了真的树木、真的土壤、真的河流……

在修建地铁的那个年月，由曼哈顿片岩上采凿的石块用来包裹了纽约的一些建筑，工业污染严重时代的酸雨，冲刷着这些建筑久经沧桑的外表，就像风暴卷过白人到来之前北美的群山——水，不管是冬日商店玻璃上凝结的水雾，在地铁隧道里面的小溪，还是空调冷凝器上单调的水滴，它们最终都汇集一处，汇成了一股汹涌的暗流，这股暗流在第五大道墨瑞山（Murray Hill）埃及风格的水库下方变化成湍急的漩涡，那些平常琐屑的日子里每天发生着的万物轮回，它们在黑暗的下水道里吸引着寻常生活的坠落……

被戏称为"摩天楼的国家公园"的这座城市里的"景观"，与瓦尔特·惠特曼帆影樯林的纽约港已经截然不同，表面上，自然依然包裹着纽约，但这彻头彻尾的人工构物压榨着的"自然"无法按自然自身的方式运转——再一次，它的形象只是欺骗性的外表，它的内在却是重新编码的"程序"：虽然哈德逊河和东河两条河流近在咫尺，但是因为严重的污染，纽约就近的河水却已经再也不适于饮用，在压力运输发明之前，这城市的用水需要修砌罗马饮水渠式样的高架水道，从一百英里之外的卡茨基尔（Catskill）遥远的水库一站一站接力式地运来。清洁的泉源流过都市，变幻出数目惊人的日常垃圾，它们搭乘两条河流中来往不绝的拖船直抵一个强有力的处理工厂，或者说工"场"。

——由此，向来少有人居的斯塔腾岛上的"新鲜走廊"（Fresh Kills）不再新鲜，它一度成了世界上最大的都市垃圾处理场——据说，这个2 200英里的垃圾山如同中国的万里长城一样，从太空用肉眼可直接看到，它的"最高峰"可以俯瞰自由女神像。

——维持从纽约上州到大西洋海湾岬角处这一线脆弱的平衡，需要煤、电、石油，需要依靠动力和资源。

很少纽约客会为这些事操心。在有着世界上最发达的自然公园体系的国家里，纽约的背后并不乏一条绿色的退路，那就是在星期六到"上州"去——纽约处在纽约州的最下端——如此，开着租来的SUV以90英里速度狂奔出城市的纽约人，就可以在一周里经历对于梭罗来说不能兼美的两种"静静的生活"：洛兰·布兰科"安逸和恬静"的曼哈顿天空，以及瓦尔登湖。

——在梦幻谷（Sleepy Hollow），在阿巴拉契亚茫茫的山野里，纽约客们可以摇身一变，至少是在一个下午，成为像他们与"红人"作战的祖先们一样放浪不羁的"自然之子"。

19世纪纽约的游憩场所尚离"自然之子"不远，这样的去处比如和曼哈顿隔着一条哈德逊河的贺伯肯（Hoboken）的爱丽思游乐场（Elysian Fields）。19世纪时，这样的略带野趣的"自然"游乐和上流社会的城市公园尚有距离，尤其对于鄙陋的纽约"下等人"而言，要开心不过是在街区旁的草丛里打个滚，那时，这样的荒野依然存在于曼哈顿之中。

没过多久，1889年，在拜访了英国皇家植物园之后，苔藓学家布里顿夫妇（Elizabeth G. Britton，Nathaniel L. Britton）在布朗克斯建起了一个美国一流的植物园——纽约植物园——使得纽约终于有了自己的一份"自然"收藏，如此这般新造"自然"的揭幕式精心而刻意：维多利亚式样的"棕榈厅"，穹顶直径达到空前的90英尺，但是工程技术的胜利远不如它改变的自然面貌更使人惊叹，在纽约植物园的展厅里面收藏有各种自然条件下不可能并置一处的"自然"物事，中南美的皇家棕榈，来自佛罗里达的湿地（everglade）棕榈，巴西的羽冠（plumed）皇后棕榈在人造的"热带"集于一堂。

尼古拉斯·佩夫斯纳（Nikolaus Pevsner）却一眼洞穿其中的奥妙：无论如何伪饰，自然培育室（conservatory）和博物馆、展览馆（exhibition hall）其实和同一种建筑样式有着同源关系：那就是闹哄哄的商业集市。

美术馆里展览的，可能是静态的被剥离了语境的"自然"——比如拓殖时代的摄影家蒂莫西·奥沙利文（Timothy O'Sullivan）穿越蛮荒西部的著名摄影——而纽约植物园这些人流熙攘的自然培育室或许更贴近商业社会的要义：世纪之交的纽约和"自然"的这种联系，并不适用于独自来去的幽人——这改头换面的"自然"，可不是普桑和

三种不同尺度的城市"地形"。

克洛德笔下的旧大陆风景，甚至，它的旨趣也不在荒野里或可一见的印第安人的遗迹，那是属于在这个国家久已绝迹的真正浪漫主义者的世界。

高谈阔论如此"自然"的纽约客，谁也不会错过中央公园，它和前瞻公园（Prospect Park）、布鲁克林桥并称为纽约历史上的三大杰出创造。公园的东南角的水池中倒映着摩天大楼的身影，冬季结冰的水池上簇满溜冰的人群，无论哪种风景，都是难得"如画"的纽约印行自己明信片的好题材——讽刺的是，种种"文化"养成的产品中，只有"自然"这种人工制物较少争议，老少咸宜雅俗共赏，即使世人颇多诟病的罗伯特·摩西，他强行推广的市政公园系统，至今也被广泛认为是种良性的遗产。

——在拥堵的曼哈顿，实在难得有一片不需要门票就可以进入，不需要衣冠楚楚，也不会感到心里没底的公共空间了。

这种吵吵嚷嚷的公共空间却由一位冷静的绅士而发端。早年（1843 年）曾到过中国的弗雷德里克·劳·奥姆斯特德（Frederick Law Olmsted）是中央公园的"设计师"。奥姆斯特德诚然是位热情洋溢的民主推崇者，可他同时也以孤芳自赏的贵族文化而自诩，在他的设计意图和实际使用里，在这公园应时趋世的情境逻辑和追怀往昔的美学姿态里，本存在着某种若隐若现的矛盾，讽刺的是，在这片深不可测的"绿肺"之中，后来者所击节赞叹的开放和宽和，或是由流浪汉、吸毒者和嬉皮士组成的无法无天的奇观，本都和奥姆斯特德预见的都会"自然"中强烈的教谕意义无关。

在中央公园中，隐士和嬉皮士相会在同一片林荫下。

最早的都市公园其实和如画的浪漫情致无关，它是自有闲田的英国贵族赏给下等人开心的一块闲地，教堂的坟地、前基督教时代的异端祠庙，成就了都市公园的雏形，它"弃地"、"隙地"的不明身份里，多少潜伏了一种自上而下的高傲眼光。可是到了1850年，纽约爆炸性的人口看上去真的要吞没整个格栅。应急方案因此预留了公园的保留地，也让这公园开始对于整个城市发生意义。当纽约的议员们还在喋喋不休地讨论土地储备的必要时，城市人口便席卷而过，将这些保留地整个儿地覆盖和孤立……

1853年，随着纽约预算局（Commissioner of Estimate and Assessment）的任命书，中央公园的提案获得了历史性的胜利。这片绿色的孤岛，位于五大道和八大道之间，59街和104街（后为110街）之间的一块指定区域，并不单纯是块消极的"预留用地"。按照库哈斯的说法，中央公园是种"剥制动物标本式"的自然保护，这"保护"的努力所标明的，不是纽约都市化的回心转意，却是城市疏离自然一个不可挽回的事实。

——早已预见到这都会疯狂发展的前景，都市公园因此是一个预制的"时间胶囊"，如库哈斯所言："纽约建成的一天终将到来，那时所有砍削填补都已结束，岛上参差多变的岩石构造都已转为单调笔直的大街的行列，和簇拥而起的群楼。这城市现今多变的地表到那时将了然无痕。"

只有中央公园内的数英亩将是个例外。

这汪洋之中残留的最后数英亩"开放空间"越是"自然"，便也越发金贵。如库哈斯所言：

> 到那时，人们将会清楚地知道现今这地面如画情状的无上价值，充分地认可它适应目标的能力，因此，最好尽可能不要侵扰它的柔和起伏的轮廓，入画的、峻嶒的景致。

中央公园并不仅仅是一片吵吵嚷嚷的公共空间，在史密森那样的艺术家看来，它是另一种"如画"的纽约的显现之处。

逃离。

 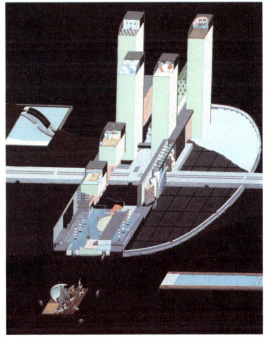

新世纪的梅杜萨之筏意味着在落网之中获救。在库哈斯的寓言中描绘了一队逃离前苏联去纽约寻求"自由"的人，他们制造了一个巨大的海上漂浮游泳池，然而这群人"前进"的方式，却是不停地在游泳池里向后游泳。

在中央公园，"自然"却是一种"文化"的产物，是一种精心摆布和改造过的图景，以期和它外面的城市形成有趣的二部和声，如同伊里奇·哈特曼（Erich Hartmann）所看到的那样：

> 星光闪耀的夜晚，站在公园西北入口的林中小屋（block house）可以欣赏到一种别致的景观。远远地，人们可以望得见西区的窗户和影影绰绰的高架铁路，在110街，它们上升为两道高拔的圆弧，一切事功在黯淡的夜色之中都不可辨识了。……这副图景应该被描绘下来，如我们纽约的艺术家喜欢描绘巴黎和慕尼黑的气息一样，这景致至少适合照相机。

再没有比这自相矛盾的表述更能解释自然在纽约的意义了：是文化"拯救"并（再次）"创造"了自然。今天，即使大多数纽约客也没有意识到，中央公园其实彻头彻尾地是一个人工构物："它的湖泊是人工的，它的树木是（移）植的，它的意外是机械驱动的，它的事件为一个不可见的基础设施所支持，这个设施将这些事件组装到一起。它搜罗自然成分，将它们抽离原有情境编目索引，重组它们并将它们压缩成一个自然的系统。"

写下这些话的库哈斯显然不会相信《大英百科全书》的定义：公园"是城市的人们送给自己的一件礼物"——一切并没有这么浪漫，因为这是一件无比昂贵的礼物，只要三天不经打扫，它就会沦落成让好龙的叶公们退避三舍的真正的"自然"。

就像约翰·狄克逊·亨特（John Dixon Hunt）所再三强调的那样，无论"自然"或"风景"这两个词自身都是文明的衍生物，高耸的摩天楼和肆意蔓延开的"边缘都市"之间，是所谓灰色的"斑驳风景"（drosscape）。与库哈斯垃圾空间（junk space）的概念遥相呼应，"斑驳风景"认为纯色的理想景观，无论蔚蓝还是翠绿，不过是理想主义者的洁癖，在当代社会中人工和自然之间本无断然的界限。

早在 1595 年，埃德蒙·斯宾塞（Edmund Spencer）就冷嘲热讽道："世界的一切荣耀不过是一片斑驳不洁。"

以一种相似的逻辑，纽约人先后认可了两种对于"自然"的迥异态度，却绝无进退两难的时刻：1960 年代席卷全球的生态革命，其实是从 1962 年 6 月分三次在《纽约客》上刊载的《寂静的春天》开始的；[1] 而如今，以敢为天下先的气概，纽约人再次骄傲地宣称，"景观"和花花草草们并没有截然的关系——在他们看起来，今天的城市景观中，政治或经济利益的系统考量远比"风格"和"自然"的斤斤计较来得紧要。

最典型的一个例子，莫过于世贸大厦遗址一箭之地的炮台公园城（Battery Park City）。

提起这座世贸大厦工地挖掘土方填河而成的炮台公园城，摇头不止的纽约客怕是不止一个，自 1970 年代渐浮现于哈德逊河的水滨，它看上去从未曾成为这座城市的一部分。对于这座"城中之城"的居民来说，自己拥有一所中学和一座旅馆的炮台公园是纽约难得的闹中取静的去处，它的休闲区域拥有载入经典案例的景观作品。对于那些无缘在此生活的人们，他们却很难想象，在这以前，这块体面人的退隐之所只是一片破败的码头，偶尔有流浪汉和醉醺醺的水手在此停留。

在空运主宰现代城市之前，世界各大城市的水滨差不多都是繁忙的客运货运港口，一片嘈杂繁荣景象；而当代都市的水滨却走上了不同的发展道路，纽约港货运的功能一落千丈。自此以往，有些政治家想要把水滨的振兴重新纳入新生的城市，有些则和开发商同谋，觊觎着紧邻华尔街的这块土地的价值——在他们之间，设计师试图软化锱铢必较的剑拔弩张，诗意的说辞里，是曼哈顿雄性的"群山"柔和地

[1]
无独有偶，《寂静的春天》一书的作者蕾切尔·卡逊最先是从《纽约时报》上的消息受到了启发，开始调查西方社会大规模使用农药种植的后果。

康尼岛一个宁静的下午。

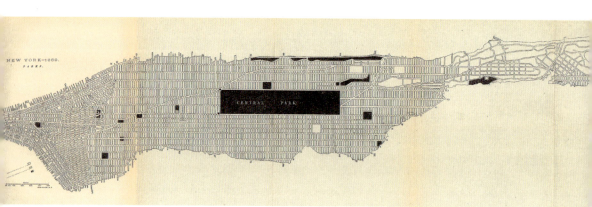

1880 年，纽约最后的"自然"。

中央公园看中城。

中央公园内的水库。

过渡到了象征感性的河岸，而这过渡之间，却是一堵巨硕的红色大墙，阻住了一切"不相干"的访客的去路。

这片幽静的住宅小区并不欢迎闯入者：它的地租昂贵，附设的奢侈品商店里有普通人不敢问津的皮货；体量巨硕的世界金融中心，也就是世贸重建竞赛的举办地点冬园的那座建筑群组，提供了这小区最理想的住户，纵然这里的街道并无多少纽约所骄傲的人气，自有德勤、麦瑞·林奇、美国特快、道·琼斯等大公司的头脑们愿意享受他们期许的静逸。对这些纽约实际的统治者而言，小区南湾（South Cove）延伸进水面的螺旋步道，并不只是俗称为"螺旋防波堤"的大地艺术的一个精致的缩微版本，和"防波堤"的专利者罗伯特·史密森的意愿正好相反，这片静悄悄拒人于千里之外的人造景观，恰恰象征着另一种"纪念牌式的废墟，被未来荒弃的回忆"。

不管是 20 世纪上半叶摩天楼需要坚守的"喘气的权利"，还是东区居民们绝不容许被遮挡的"景儿"（虽然他们中的大多数人从不开窗），纽约客们已经顾不上"自然"的准确定义究竟是什么——他们更在意谁会享有这片自然，以及可能的"丧失"后面的代价：很明显，天天憋在室内不得"自然"的，都是些注定了一辈子劳碌命的都市小职员，因此，"室外"就成了和他们带薪假期一样不可剥夺的权利。在纽约的中午，时常可以看到三五成群在户外吃午饭的人们——说起著名的午饭去处，很多人都会想起纽约公共图书馆门前的大台阶，还有它后面的布拉恩特公园。

在这里的"自然"，是使人免生维生素缺乏症的阳光？还是未经机器通风设备过滤的花香？——其实，这滚滚车流后面的空气怎么也不能算新鲜，可是在曼哈顿，"自然"最终意味着"自由"。

那是支配自己眼睛向何处看、屁股往何处坐的自由。

"自然"在纽约的城市景观之中并不仅仅意味着"艺术"：在下城的联邦广场门前，原本有一个不锈钢的雕塑，在那里，"艺术"便是在"自然"的名义下送了小命。这件名叫"扭拱"（Tilted Arc）的艺术品体量巨硕，足有 120 英尺长，12 英尺高，1981 年建成。对艺术家理查德·塞拉（Richard Serra）来说，这一定是件非凡的成就；然而，1989年这倒霉蛋却在争议之中由市政府下令拆毁了，和宾夕法尼亚火车站一样，它成了纽约的"烈士"，一座因其毁灭而不朽的纪念碑。

对它的抗议始于 1985 年，后面虽不乏抬不上桌面的小动作，让市政府收回成命的直接导火索，却是政府大楼里籍籍无名的雇员们的牢骚，在那个时代的政治气候里，这些从前所谓"下等人"的抗议变得如此之有效，即使接替的景观建筑师玛莎·施瓦茨（Martha Schwartz）素以大胆出位著称，也不能不格外小心翼翼。

公众抗议说，原有端庄肃穆的广场不过是为了显现某某人自以为是的权力，现在我们也不要艺术家的所谓"艺术"，这个骄傲的铁家伙太大而无当了，它夺去了我们太多的公共空间。

他们需要的也不是"自然"。他们说，我们只要一块露天吃午饭的地方。

都市景观

"都市景观"指向今天西方建筑学的一种最新的发展前沿。"抵抗建筑学"的鼓吹者肯尼斯·弗兰姆普顿不止一次说过，"景观都市主义"，差不多是今天建筑学在自身的混乱之中解脱自身的唯一出路。他的言下之意，必不是重复 20 世纪六七十年代"生态至上"的老调——时至今日，恐怕也不会有谁天真到认为政治家和商人们会突然良心发

多次获奖的帕里公园，一个高楼夹缝中"背心口袋式"的街边小公园。

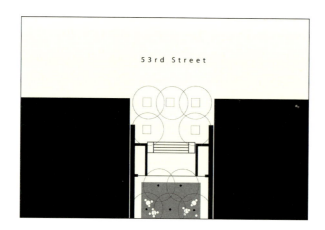

史密森和"如画"

没有比罗伯特 · 史密森（1938—1973）短促的一生，更能解释 20 世纪六七十年代西方都市人面向自然的姿态了。被公认为 20 世纪 70 年代"大地艺术"的领军人物，史密森生于曼哈顿西面新泽西州的帕萨克（Passaic），早年，他在奥基芙曾经就学过的纽约艺术学生同盟研习绘画。1964 年，年仅 26 岁的史密森作为一名时髦的最小主义艺术家引起关注，他开始放弃古典绘画中的"形体"，开始对各种自然中的光学现象，特别是晶体的肌理和构成发生兴趣。由此，史密森放弃了强调艺术家主体性的"再现"或"表现"的艺术观，一心一意从十八九世纪的景观建筑之中汲取灵感。此后，这个长期以来一直生长于都市的美国艺术家，开始频繁地出没于美国的西部，最终在 1973 年的飞机事故里葬身于德克萨斯的荒野之中。

史密森的"大地艺术"和真正的"自然"其实并不是一回事；相反，在新泽西布满管道、建筑废料、旧汽车场和永无止境的高速公路郊野之中，他看到的常常是"纪念牌式的废墟，被未来荒弃的回忆"（《新泽西的拼贴纪念牌》）。尽管史密森动辄将这种纪念碑式的震撼感与希腊罗马时代的古意相提并论，这个都市人的着眼点，却并不在于那个他认为已经万劫不复的过去。

生前，史密森一直致力于重新阐释当代自然中的"如画"（Picturesque），例证就是奥姆斯特德的名作中央公园。就在他飞机失事的同一年，史密森著文讨论了作为文明弃地的曼哈顿，是如何在奥姆斯特德手中凸现了"人"的经验和意志，在他看来，引入了时间因素的"如画"经验并不是一种慵怠的旧美学；相反，它是"物理区域之中持久的一种（文明）进程"："现在，漫步区（Ramble）成了都市的丛林，这里充斥着帐篷、无家可归者、搭讪的人和同性恋。"

和他父辈中的逃世主义者们相反，史密森并不是一个厌恶都市文明的人，相反，他饶有兴味地观察着这种文明进程，描述着它给自然留下的并不悦目的印记："埃及方尖碑上象形文字的旁边，是涂鸦……沃尔曼纪念冰场（Wollman Memorial Ice Rink）的溢洪道里，我发现了一个金属的购物车和半浮起的垃圾篮。再往下去，这溢洪道变成了一条满是烂泥和罐头盒的溪流。烂泥在盖普斯通桥（Gapstow Bridge）奔涌向小池（The Pond），吞没了它的大半，剩下的大半则漂浮着油污、泥浆和迪克西杯子（Dixie cups）。"

在此处，史密森发现的不是"崇高"或"美"，而是自然和文明复杂的互相作用。这种新的"如画"经验使他得出结论："大地艺术的最佳场所是那些为工业化、紧锣密鼓的都市进程，或是自然自身的巨变所侵扰的地方。"它不同于 18 世纪早期形式主义者拥抱的田园诗意，不仅仅因为那些巨变使人惊悚，并且在于这种新的艺术并不依赖于视觉经验，而取决于"画框之外"的系统与过程——那是一种关于"自然"的更恰当的定义。处所（sites）和非处所（non-sites）因此成为史密森的关键词。前者比如他的名作：犹他州大盐湖之中 1500 英尺长的一道螺旋形防波堤；后者比如美术馆画廊之中被移置的泥土、石块和植物。在两种情形之中，自然和人工都形成某种戏剧性的对话。

寸土寸金的中城，吃午饭的好去处，布莱恩特公园是一件昂贵的城市人送给自己的礼物。

现，真正的"自然"会一举逆转都市化的人工趋向吧？

今天的"都市景观"和真正的园林无关，它是日益膨胀的超级"建筑"的负像：与予取予夺、自大盲目的侵略性空间不同，新的建筑学试图用一种软性的力量，把凌乱的都市碎片重整成一个彼此有机渗透、也绝不僵化凝滞的新的"系统"。

这"一贴就灵"的重症新方，其实是一种有机生成的人工"自然"的隐喻，而非自在自为的"自然"——彼得·康拉德（Peter Conrad）早已嘲笑过，"如画"的品质其实"粉饰的是城市中的社会不平等"，"装饰的虚构，一个关于社会的谎言"。可是，卷土重来的绿色药方并不完全是无病呻吟，在大的尺度上，奥姆斯特德的中央公园早已是一种依赖"系统"而构造与运转的人工景观，它常跟随新经济力量对社会需求的统筹、整合与经营；而更小规模的运作，则常系于近年来文化产业从传统文化之中汲取的养分，它的例子在纽约也不难找到。

那就是人们津津乐道已久的"花园"，一种"景观再造都市"的神话。

这种景观—建筑的当代双簧，浮现在那座有着"四处弥漫的透明性"的 MoMA 新馆的过去。

新馆不像一座坚实的建构，却使人想起日本建筑师喜爱的、错落在庭园水面之中的花园，巧的是，高墙围护的 MoMA 老馆之中，也正好有座闻名遐迩的"雕塑花园"，不同的是，三十年前后新旧两座"花园"，前后因应的是不同的社会情境。

劳里·奥林（Laurie Olin），这位清华大学新近成立的景观系的美籍系主任，并不是唯一将菲利普·约翰逊的纽约现代艺术博物馆（MoMA）花园称作"杰作"的人，不过，奥林熟谙英国园林史，他将这座落成于 20 世纪 50 年代的花园在景观史上的意义与威廉·肯特的作品相提并论，却非同小可。回头看看约翰逊自己，在 96 岁高龄时应邀为自己的毕生之选（《约翰逊论约翰逊》）作序，五十年设计生涯中，他首先挑出的一件作品就是这座 MoMA 花园。在这篇简短但属盖棺论定性质的小文中，他说：

> 技术意义上讲，MoMA 雕塑花园是景观建筑，但是它是"建筑地"组织安排的一处房间。[2]

MoMA 花园到底是一个"景观建筑"的设计还是一处"建筑地设计了的"景观？约翰逊自己爱用另一个稍稍有些不同的词："都市景观"（urbane landscape，和肯尼斯·弗兰姆普顿的术语"都市景观"只有细微的语气上的区别），这可能是我们读解"都市景观"这时髦用语来源

[2]
公众的反应似乎和约翰逊的自我评论异曲同工。1953 年 4 月 25 日，《纽约客》关于新建的 MoMA 花园的介绍使这处设计为人所知，这篇文章的题目就是"室外的房间"。

景观都市主义

"景观都市主义"（Landscape Ur-banism）是 20 世纪 90 年代末以来兴起的一种思潮，景观师声称景观比建筑更利于应对当代都市出现的种种问题，并在事实上成为 20 世纪 80 年代以来都市复兴的契机。"景观都市主义"所面向的是这样一种现实：虽然随着 20 世纪六七十年代的生态思想，麦克哈格《自然地设计》这样的著作已深入人心，但与强烈经济动机推动之下的建筑项目相比，真正符合理论家标准的景观项目却少得不成比例，而在西方都市进程之中，尤其是美国的都市进程之中，景观设计也一直扮演着一个消极的、仅限于支持者和附庸者的角色。承继宾夕法尼亚大学在麦克哈格时代的影响，以詹姆斯·科纳（James Corner）为首的一批理论家试图将景观带回都市，并予它一个英雄式的凯旋。这一学派的主要理论主张是以造景"过程"取代建筑"程序"，以"地形"、"表面"取代"造型"、"结构"，在文化取向上，他们极力主张都会和自然的二分法已经不适用于芜杂和错综的新现实，景观建筑师的工作领域由此可以得到极大的扩展。无论如何，脱离了坚实的方法论和学科的操守，"景观都市主义"多少有缘木求鱼的嫌疑，这一理论为人所诟病的，也是它对"文化"的关心更甚于"自然"，最终成了一种停留于纸面，并让理论家的工程师同仁们感到困惑的主张。对景观都市主义新近理论的介绍和批评，详见 Charles Waldheim 编辑的 Landscape Urbanism Reader 及其书评。

窗：两种不同方式的逃离。

的一条关键线索。

——可不，当我们一度认为西方建筑等于高楼大厦，景观元素只是些用来点缀的"花花草草"，像约翰逊这样的大牌建筑师却热衷于声称"我是一个更好的景观建筑师，胜于我是一个建筑师"。

位于纽约中城的 MoMA 花园面向东 54 街，在经过 20 世纪世纪 80 年代和 21 世纪初的两次重修之前，它占据的地皮 110 英尺宽，202 英尺长，坐落于原有建筑的北侧，也就是它的后侧。这座"后花园"和 54 街以一道灰色砖墙隔开，原墙高 12 米。往西和往南去，花园与博物馆的展出空间相接，并下沉两英尺。两条和 54 街平行的四方形水渠彼此错开，以一丛小树分隔。这样，整个花园被分割成四个可供陈列雕塑的空间。

显然，位于纽约市心脏地带的这座小花园有点"螺蛳壳里做道场"的意味，和这座花园乃至整个 MoMA 所负的赫赫声名似乎不相匹配。要澄清这一点，我们需要反思一下这小小花园对于这个巨型城市的意义。

MoMA 花园最早的设计者，热情洋溢的罗伯托·伯利·马克（Roberto Burle Mark）是 20 世纪巴西最有影响的景观建筑师之一，也是奥斯卡·尼迈耶（Oscar Niemeyer）和勒·柯布西耶的合作者，自然，后两人也都是小洛克菲勒（纳尔逊·洛克菲勒）的座上宾。小洛克菲勒未必考虑过，罗伯托的带有拉美风情的道地"自然"、多曲线的"有机"设计和 MoMA 想要展示的雕塑天然有点冲突——后者也是柔软而"有机"的，前者难免喧宾夺主。而且，对纽约这么样一个其时人类历史上尚无前例的巨型都市而言，罗伯托的设计就像一个在街头踢球的野小子，与四周的西装革履多少有些格格不入。

生逢其时，20 世纪 30 年代末，当美国学生菲利普·约翰逊从欧洲

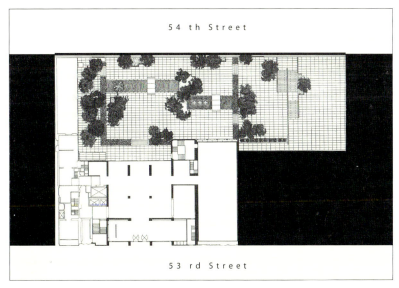

由菲利普·约翰逊操刀的旧 MoMA 花园，"建筑地"组织安排的一处房间。

游历归来的那会儿，也是美国现代艺术逐渐摆脱大西洋对岸它的"恩主"的影响，并得到一批本土文化名流支持的关键时刻，小洛克菲勒不仅发现了约翰逊作为建筑艺术鉴赏家和策展人的天资，也对他抽象明快的现代主义设计风格产生了兴趣，决定由他重新设计 MoMA 的后花园。

在文化肤色人种各异的"疯狂都市"纽约，比起以往繁复的巴洛克或是新古典主义式花园设计，约翰逊的设计乍一看没有明确的"意义"，却更富包容性，也更具一种现代美感。

在 MoMA 长期任职期间，约翰逊不仅仅是作为建筑师，也作为 MoMA 建筑部的负责人，得到了他的同事，例如艾尔弗雷德·巴尔（Alfred H. Bar）的鼎力支持，和他的艺术家和艺术评论家朋友一样，约翰逊一定已经意识到 MoMA 的后花园不仅仅是一个休闲去处，这位于世界金融中心的纽约中城的一方绿土，自身就是一件博物馆拥有的现代主义艺术的展品，和布列顿夫妇建立的另一件自然"收藏"纽约植物园只有大小之分，比起任何只存活于博物馆建筑部档案中的作品，这座花园更具有直观的意义，尤其能代表美国人对人口急遽膨胀的现代大都市里的自然生活样式的诠释。

这种诠释是其时战争前夕的欧洲还没功夫想象的。

这种新的都市经验显然和纽约的海量人口、密如群山的高楼相关，MoMA 花园本赖这个超大的"文脉"立身，它却和真正的城市生活欲语还休，有着某种微妙的互相挑逗关系。和体量堪称巨无霸的中央公园相比，这精致的方寸之地看上去就像淹没在汪洋大海中的一叶孤舟——甚至是一艘不大看得见的潜水艇。

用约翰逊自己的话来说，MoMA 花园"不可能"变成一个"背心口袋"式的向街边大众开放的街边花园，小洛克菲勒关照过他，他不希望花园北侧的 54 街的过往行人分享他的花园，因此建筑师应该在城市和花园之间造一堵"超大的墙"（约翰逊的确这么做了）。和今天的人们的印象恰好相反，MoMA 花园那时绝不是什么富于教育意义的、使人放松的、面向公众的自然场所。这所花园首先是小洛克菲勒送给他母亲的一件礼物，它是一件私人的财产，只对一小群精英开放——就像小洛克菲勒自己也承认的那样，7 美元——那可是五十多年之前的 7 美元——的门票足以把普通纽约客拒之门外了。

如果有人疑惑，在纽约这样一个室外空间极为紧匝、缺乏权威性秩序的近代城市中，某一个人如何有能力达到对于公共空间，甚至公共景观的控制，这儿有一段约翰逊和小洛克菲勒之间的非常有趣的对话：

约翰逊:（既然某家天主教机构在 70 街附近造了更高的一堵墙），为什么你会觉得我们的墙太长了？

小洛克菲勒: 但是，这不是 70 街附近，这是纽约市中心的宝贵地产，我们有住在街对面的住客，我们不能对他们这么干。

这段话乍一听起来和前面的话矛盾——何以小洛克菲勒一会儿"要一堵超大的墙"，一会儿又觉得"我们的墙太长了"？其实，这恰恰更深入地反映了 MoMA 花园设计的重要社会情境和规划前提，一方面，街道是属于纽约市的公共空间，小洛克菲勒纵是有通天本事，也没办法把整个 54 街买下来，更何况以纽约市的街道尺度和设计格局，四面迫近的高楼都有机会一瞥这花园，在都市中央的"自然"空间因此不大可能像乡村庄园那样被某个私人占有；另一方面，即使在纽约这样"民主"的近代城市，包括小洛克菲勒在内的超级富豪们也还是有按他们自己意愿编排公共空间的可能性。

对毫不相干的过路行人，那堵"超大的墙"是不含糊的，约翰逊

韩洋 摄

简单有效的街角公共空间。

韩洋 摄

景观建筑师玛莎·施瓦茨的作品接替了理查德·塞拉的"扭拱",即使她也不能不考虑"普通人"有个地方吃午饭的呼声。

韩洋 摄

都市景观:大名鼎鼎的克里斯托 2006 年在中央公园的大型装置"门"。

在北面的墙上加上实际上绝少打开的一扇门，但它"很深，很深的通气口"使得行人没有足够的角度窥入园中，这么做的目的是使得街边的过客们"不至于在此停留"；而春光外泄的可能性只有一种，就是为了眷顾小洛克菲勒所言"我们不能对他们这么干"中的"他们"，他们者，"住在街对面的住客"也——幸运的是，"他们"住在一所叫做"洛克菲勒公寓"的高层住宅里，小洛克菲勒建造、拥有并管理这幢房子。在大都市纽约，这些有产者不能如路易十四那样，轻易地拥有一个不受阻碍和干扰的远景，但是对约翰逊来说，四邻的摩天楼却给了人们从空中理解 MoMA 花园新式样的"'布杂'轴线"的可能。

这种荣幸或不幸始终是和产权联系在一起的。

MoMA 花园给了我们理解工业革命以来的"都市风景"的另一种可能。比起中央公园来，MoMA 花园虽然更小，更多人工构物的痕迹，这大小两种都市景观，无论是花园还是公园，却都和西塞罗所说的"第一自然"无涉，而更像是"建筑地"组织安排的室外，遵从着类似的建筑"程序"。虽然尺度不同，它们都有门扇——入口，边界——围墙，公共场所——大片的开放空间，私人空间——林荫深处，动力室——维持"自然"外表的机械设备……

诸如此类的关系，显示了物理尺度取决于前设的社会功能，就像卧室需要紧凑亲密，客厅需要开朗轩敞。在 MoMA 的例子里，那里甚至还有地板的高度，有进一步分割空间的内墙，甚至有一个为围墙的高度所清晰地暗示了的房间高度——早在约翰逊重新设计之前，这座花园就已经被明白无误地定义为"MoMA 的后院"了。

约翰逊自己说，"MoMA 花园使得公众隔绝于都市的尘嚣之外"。但 MoMA 花园并不是一个纯然的公共空间，这里的公众也不是普通公众，而是博物馆的东家、赞助人和贵客，"毫无例外都是些社会成功人士"。对于他们，MoMA 只是他们的私产，正如大多数城市中的美国独立住宅的情形，主花园更合适与卧室而不是前庭相邻。

这花园即便开敞，却无以通向"没有藩篱的自然"（出自欧林所激赏的威廉·肯特的名句），而是指向一种半室内半室外式样的动态交流。

这种经验妙就妙在它在摇摆不定的两极之间，不仅"建筑"，而且"景观"：它的花花草草固然标识着某种使人愉悦的经验，它蕴涵的关于人造"自然"的隐喻却更加引人入胜——都市"景观"仿佛是在一种象征性的仪式之中，努力使得建筑回到它的来处，回到它最初所指向的人和身外世界的关系，这种关系不仅仅是使人心志澄明、神清气爽，某种意义上，它更使得建筑的"程序"和建筑自身，或者说建筑的文脉和建筑自身合而为一了。

——东方式的建筑思想里，这种"都市景观"似乎要走快了一步，中国"园林"的概念里，本身就没有西方根深蒂固的"景观建筑"与"建筑"间的行业分工；与一座固步自封的建筑相比，一座园林考究的是动态的设计方法，它不仅仅要勾勒出静态空间的结构，还要因应整个"基础设施"的动态意义，它不仅仅是在材质逻辑、力学属性方面下抽象功夫，还得下降到感性的层面考虑观者的经验。这种冷峭都市里的"养生之道"，好比是武打小说里的"内功"和"外力"，双修合练，多少缓解了迫人的社会边界带来的压力。

纽约，这座最著名的人工城市的建筑师们，由此争先恐后地倒向了"都市景观"，在改造中城西区哈德逊水滨的设计竞赛之中，至少有三四名建筑师切题地提出了"景观地建筑"的方案——注意："建筑"在这里是个动词，而"景观"是它的修饰语。

彼得·埃森曼和赖泽+梅本（Jesse Reiser + Nanako Umemoto）的设计里依据原有的水滨岸线再造了曼哈顿西区的地形，由东西笔直前行的干道衍生出来的动态逐渐被吸收到这种地形中，建筑的空间流动便也嵌合在景观的起伏里，新的"公园"不再是在尴尬地僵持着的城市基础设施（程序）和行人经验之间（形象）勉强调和的黏合剂，如今，人在自然之中的漫游，快速机动车道和各种通达便利设施，几乎是彼此裹挟着、翻卷着奔向水滨，就仿佛是曼哈顿格栅的桎梏里爆发出来的汹涌暗流。

听来似乎有些玄虚？至少，在 MoMA 新馆那"弥漫的透明性"里，这种想象之中的穿透似乎也不是完全没有可能。在这个茫然无措的混乱年代里，"都市景观"到底是一种无往不胜的利器，可以找到与"格栅"异曲同工的"不失生机的清晰"，还是建筑师们再次的胶柱鼓瑟？

不管他们如何折腾，在这个还算文化繁荣的年代里，这出闹哄哄的大戏尚不缺它的观众。

在纽约的屋顶花园提案里，戏谑的景观师玛莎·施瓦茨（还记得吗，在下城的联邦广场，她接替了"为艺术而艺术"的理查德·塞拉）反其道而行之，把人们对于"自然"和"景观"的通俗想象倒了个儿：威廉·华兹华斯笔下"微风中舞姿飘逸"的金黄水仙，此刻骄傲地宣称自己耀眼的"无知"；希腊银莲花（anemeones）反倒象征着"邪恶"，在幽深的原始森林中生长的、橘色的秘鲁百合，现在被她指定为俗气的"金钱"的替代品。宛如当年的佛罗伦萨，在这里自然和财富的关系用一种略带自嘲的、却是不加掩饰的方式显示出来……这一切就像一场盛大的假面舞会。

在纽约，太较真的人们会觉得自己缺乏幽默感。

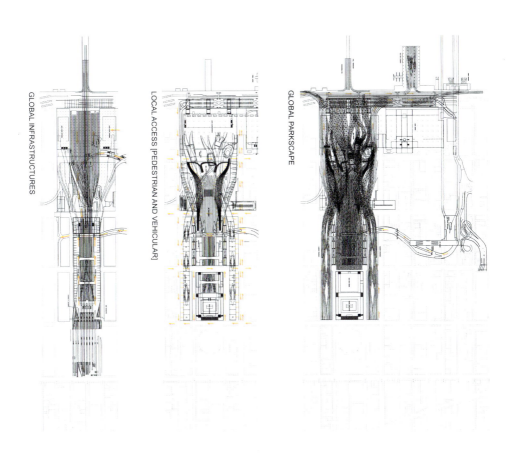

GLOBAL INFRASTRUCTURES

LOCAL ACCESS (PEDESTRIAN AND VEHICULAR)

GLOBAL PARKSCAPE

赖泽＋梅本：中城西区哈德逊水滨改造。

变形记

我们是否还记得安吉丽娜——抑或是更早的中西部女子麦当娜？——拎着几只破皮箱，坐着巴士，在这本书的篇首，她曾经一个人孤独无望地穿行过哈莱姆的街头。

我们是否还记得那些大师？如果不是因为"9·11"，大师们绝不会想到和安吉丽娜这样的普通纽约人共命运，可是，在暴雨般砸下来的混凝土碎块之中，他们第一次体验了这种暂时的同盟，设计师难得会从一个普通人的角度观察这座城市，一个抱着猎奇心态来经历这座城市的人，也注定和那些把一生的命运交付给它的人们没有共同语言。

可是，独一无二的纽约充满着这种矛盾，这种矛盾从这座城市的起点开始就已经初露端倪——某种意义上，这种矛盾恰恰是它前进的动力，越是冷静的思考越容易走向极端，越是忽略想象，便越发激励癫狂的臆想。如果纽约是一艘海上漂流的巨船，它便像库哈斯的寓言之中描绘过的那样，那些逃离前苏联去纽约寻求"自由"的人制造了一个巨大的游泳池，他们"前进"的方式，却是不停地在这个漂浮的游泳池里向后游泳。

如果，这种矛盾还有着某种不容置疑的优点的话，那么就是它使得人们看到了当代城市之中蕴涵的前所未见的复杂性，以及它的雄心和现实间的距离——"自然"和"人工"的转换只是其中之一：传统的城市完全作为自然的反面而存在，要么是文明对于野蛮的征服，要么隐含着一丝浊世面朝净土的自卑，当代的城市企图证明它可以囊括两种机制，从印第安人真实的自然风景（哈德逊河谷）开始，到被驯服的自然（中央公园）到城市山林（布拉恩特公园和 MoMA 花园），曼哈顿的自然构成了这城市最新图景的隐喻，风景似乎解决了以人力比附天命的"癫狂纽约"的实际问题（垃圾掩埋场），抚平了它巨大灾难的伤口（"9·11"），通过富于威力的再现的魔术，城市也使得它的街头文化更有人气和开放的活力（弥漫的"透明性"），但问题是这种脆弱的活力可以维持多久？

在诸多尖锐的社会问题解决之前，不可能有纯粹的"自然"，也不存在包治百病的"自然"，即便20世纪六七十年代的生态热对于建筑的影响也是如此。现代城市不得不长久地接受"共生"和"文化"的并处，前一种，是"自然"过程之中积累的，或许难免盲目的城市发展，也就是"被建造的城市"，另一种则是执拗的。蒙起眼睛的理性所限定的"规划的城市"，在这个意义上，不管是罗西式的一意孤行的"类型"，还是披着无所作为外衣的文丘里式的大众符号，多少都是企图执于一端，扯着头发把自己从泥潭里拔起。康德认为，人不可能超越现象去认识物自体，在道德相关的领域里，道德的普遍法则不可避免地要进入感性经验，否则就没有客观有效性，于是在人的身上必然发生幸福和德行的二律背反。

虽然这些理论家们未必没有意识到他们主张的局限，但是迷信"设计"的威力的人们，却容易夸大其中某一种极端的力量。

由此纽约产生了两种神话，一种是高高在上的声名的凯旋，为直入云霄的摩天楼和"大师""杰作"所表征，它和披着古典主义的圣洁外衣的"白色城市"并无本质区别，但是对顶礼膜拜在它脚下的人们而言，它却更加暴戾，更加不可捉摸；另一种，则是大众主义的"自发性"的神话，这在近三十年才在纽约异军突起的"灰"，虽然没有和"白色城市"相提并论的响亮声音，由于永远得不到解决的社会问题，它在大众心目中占据了道德的制高点，更因为大众传媒的力量而深入人心。

这两者之间摇摆着愈发可疑的"群众"，或是自由"个体"的定义。

当代的纽约愈发成为一个文化的 e-bay，在这个你情我愿的买卖场里，如果甚少实质意义的社会进步，也没有什么人是必然的受害者——就像摄影师霍斯特·哈曼（Horst Hamann）所说的那样："纽约是一个新时代的信号，某种意义上，它是一场灾难，一种超乎寻常的狂热征服了一群勇敢而又自信的人们。"但是，"这或许是一场令人尊敬而又美丽的灾难"。

联想到"9·11"，哈曼的前半段话或许是正确的，正确得有些毛骨悚然：这个新时代的信号的灾难性显而易见，但后面的断言，却或多或少使人们联想起一种新的"斯德哥尔摩综合症"：这种"美丽的灾难"体现为高潮之中的紧张感和快感，一种人类文明不曾体验过的集体经验，就像"9·11"一般，人们对于纽约的现实灾难的第一反应便是"这怎么可能？""这是不是在拍电影？"

——哈曼不是唯一一个把惊骇赞美为幸福的人，还是那位将巨手伸向城市上空的勒·柯布西耶，他说过令人惊讶的相同的话。柯布说，在想起纽约的时候，一百次，它是一场灾难，五十次它便是一场"美丽的灾难"。日久天长，被绑架者开始对绑架者有了些好感，她不觉得那种横加在自己身上的暴力是件残酷的事情了。

——相反，她爱上了他！

就在六七十年之前，帝国大厦刚在纽约的天际线上拔起的时候，那些涌入城市寻找工作机会的贫民还在梦想着一个"美丽新世界"，手持大棒的警察和罢工的工人一次次地对峙在第五大道上——那时的"普通人"所要寻求的，不过是一方撒满阳光、能喘口气的空间而已。可今天，那些抱怨者和那些他们所抱怨的人，都已经心甘情愿地笼罩在同一片阴影下了，他们会因为这种暂时的共谋走到一起，使得这个城

纽约的变形记。赖泽＋梅本：中城西区哈德逊水滨改造。

市变得更加强大吗？乐观主义者、悲观主义者、雅皮、嬉皮、艺术家、流浪汉，都一窝蜂地涌向这座小岛。约翰·厄普代克所描述的纽约客的骄傲，就是世界上任何其他地方的人的生活都是扯淡，只有纽约的生活才算是生活。

只是因为一个共同的地名而使他们所结成的松散的同盟，在"零地"的烽烟还未散尽时，就已经响亮地发出声音："今天我们都是纽约客。"——与其说这是道德标准的升华，不如说这是文化的惊人力量的展现，可是即使这样的同盟，对于纵情狂欢的"新沉默世代"这一代人而言，也只是大难临头时绝无仅有的例外。

在《反俄狄浦斯》（1972）之中，法国哲学家德勒兹扫清了今天"新沉默世代"去路上的障碍，他替这一代人向以下的三种人开战："1. 政治苦行僧、忧心忡忡的斗士、理论的恐怖主义者，他们会保护政治和政治话语的纯粹秩序，他们是革命的官僚和真理的公仆；2. 可怜的欲望技术员——精神分析家、一切符号与症状的符号学家——他们会把丰富多彩的欲望压制到结构的双重规则之中；3. 最后，但不是最无足轻重的敌手……是法西斯主义。"在他那恣肆而汪洋的议论中，德勒兹或许寄希望于嬉笑怒骂的新一代人，会有机会超越他们当了一辈子猥琐小公务员的父辈，可是，与麦卡锡时代的"旧沉默世代"相比，"新沉默世代"或许更担当不起德勒兹的期待，同样可以用威廉·曼彻斯特（William Manchester）形容"旧沉默世代"的话来形容这一代人的特征，家事国事天下事，事事皆不关心，他们"退缩，审慎，无想象力，

斯德哥尔摩综合症

斯德哥尔摩综合症（Stockholm Sy-ndrome）是犯罪学家和心理学家杜撰出来的一个术语，它源于1973年夏天在瑞典斯德哥尔摩发生的一起绑架案，在近一周的煎熬之中，人质和抢银行的劫匪之间发生了某种貌似奇怪的感情依赖，即使在他们获释之后，人质依然主动地为劫匪进行辩护。

冷漠，缺乏冒险精神而沉默"。

一方面，"斑驳风景"将不同图景中的纽约连成了一片，将计划与现实，理智与感官，天空与地面，人工与自然，黑和白，西区和东区，中国城和华尔街，乃至"表现"和"制作"……都连成了一片，无论是"花园城市"还是"城市美化运动"，都成了多余的、也不可能实现的幻景，因为不管是破敝还是低俗，伟大或渺小，纯净和污浊，都不过是这个世界上的社会或自然过程合理的一部分，原先被看作是灰色的中间过程无需隐匿了，也无可隐匿。

可是在另一方面，这种自我开脱的过程，又实实在在是一整部由人心左右"病痛"的历史的延续，在这历史之中，一部分人的整洁"卫生"的观念依赖于另一部分人的龌龊和羞耻；当一部人依然处于深重的病痛之中，不可避免地，对另一部分人来说，在整饬和庄严之中找到破败和暧昧的过程，就是一整部重新设计和发明"快乐"的历史。

欲望是一条头尾相衔的蛇。

纽约是一座与人文主义者传统理想无关的城市，甚至，最终这城市也无关于缔造出它的无坚不摧的工具理性，"程序"是一个巨大的、没有单一作者的构造物，一个万花筒。表面上看来，一切惊人之处都合乎现代主义以来的理性，"形式追随功能"，世贸大厦的每一平方米都凝聚着精打细算的商业价值；可如同马克·戈特迪纳（Mark Gottdiener）所看到的那样，通过分化政府、大众、资本家对峙与合作的具体形式，"空间"才最终有了自己的生命，最终，只有透过这群作为活生生的"人"的行动者的意志，复杂的城市才能最终实现它的魅力——无论是光彩，还是幻象。

最终，那使人不安地变幻着的光、声、色、影都不能算作是"幻觉"了，这浮华都市的影像，本来似乎只是我们的"心像"，现在某种意义上也成了威力巨大的现实。

——表现（representation）和被表现之物之间这种混淆不清的关系，在艺术史上或可称为皮格马利翁问题。在老一辈的理论家——比如亲眼目睹了希特勒反犹时代的恩斯特·贡布里希——心目中，或波普尔所推崇的真正的"开放社会"里，是没有这种暧昧的幻觉的，在彼时，人们多少还保留了对于抽象之物的恐惧。

对于建筑学而言，这却是一个更加棘手的问题，在建筑之中，天然没有什么是理当被表征的，它没有一个最终的"灵晕"（aura），建筑似乎本只有"物"。

无所不用其极地，纽约这座城市把"物"推向前，使它和"人"合而为一，这"物"的呼吸，也就是那些光、声、色、影；可是当"物"被毁灭时，人们发现，一切不过是过眼烟云。

由此种种，曼哈顿不仅仅是美国都市的试金石，它也是整个人类文明的一座反应堆（美国最初的原子弹研究计划就叫做"曼哈顿工程"）。

纽约的人们不需要博物馆来了解身外那个如海的世界，这座城市结晶了整整一部文明史，而在刘易斯·芒福德眼中，它的命运将是20世纪的罗马。对于芒福德而言，一座"理想"城市将以中世纪的城市为样板，它靠诚实、友爱、智识的思考和使命感立足，而纽约这样空洞、涣散，却靠资本的力量，并如同八爪鱼一般蔓延开来的超级都市，最终将像罗马一样不堪重负而走向崩溃。

罗马是为奇观而存在的，貌似中立的技术理性把这种奇观推向高潮。罗马帝国在工程上的两项重要发明：混凝土和拱券，减少了直跨梁带来的负担并提高了承重墙的强度，使得它的公寓和高架饮水桥可以盖得极高极大，正像框架结构和电梯使得纽约的天际线直入云霄。如果说技术发明最初多少是为了日常生活的便利，那么，尺度越来越惊人的大竞技场、赛马场却很难说是"日常"，更不要说它臭名昭著的、充满了色情和腐烂的浴室。

与很多人的想象相反，这种在建造帝国之中无处不在的技术发明，并不完全是为了公平地分配物质财富，或慷慨地恩泽它的子民。罗马的公寓楼，是为了最大限度地安置游民和访客，而不是为了给予它的每一个居民——不必说那些奴隶——理想的居住条件；技术进步和文明也没有必然的联系，那时的人，虽有能力把一幢公寓盖得很高，没有抽水马桶的罗马公寓却像20世纪之初的纽约租屋那般肮脏，人们需要不厌其烦地把尿盆从高处端到楼底，或者就哗的一声从窗户里泼出去——这样的故事绝不是天方夜谭。

傲慢的罗马从不在乎一小群"下等人"的埋怨，就像纽约从来蔑视它阴暗角落里的呻吟。

某种意义上，人们喜欢并自己选择了这样的生活。

出乎大多数人的意料，曼哈顿的物质生活并不等同于"真正"美国的富足水平——新千年的那一个春天，讽刺报纸《洋葱》刊登了一则虚构的"新闻"，一名哥伦比亚大学的博士生，在他从宿舍里抓出第N只老鼠之后，终于下决心换到一所乡下的大学。可是，对于大多数眷慕这座城市的不归客们，"舒适"有另外的定义。就像罗马贵族讲究的浴室，一次沐浴要经历重重的不厌其烦的手续和涂油、薰香的仪式，其目的不仅仅是还一个洁净的身体——在"拥堵"的文化里，繁缛的

皮格马利翁

皮格马利翁（Pygmalion）是古希腊神话中的塞浦路斯国王。相传他性情非常孤僻，喜欢一人独居。皮格马利翁擅长雕刻，他用象牙雕刻了一座他理想中女性的塑像，天天与它依伴，把全部热情和希望投注在这尊塑像上，塑像被他的爱和痴情所感动，从架子上走下来，变成了真人。皮格马利翁娶她为妻。

迷失成为一种奢侈的享受。

与众不同的纽约是一个帝国的城市。它怀抱之中的幸运儿首先有着共和国市民（republic citizen）的自豪感，但是，毫无疑问，纽约的这种自豪感是排他性的、咄咄逼人的，纽约客素以作风自由著称，但是这种自由主义同时也代表着不受任何羁绊的资本的力量，它对自身的力量从不怀疑。这样自信的城市 16 世纪是威尼斯，19 世纪是巴黎，20 世纪是纽约——无疑，纽约已经超越了所有的当代对手，它的力量不仅仅来自于自身，而且来自这个人类最后的大帝国，来自它所哺育的整个 20 世纪大众文化，或许，它的通俗程度，只有遥远的罗马可以一较短长，就连自由城邦共和国支持的威尼斯也不能相提并论。

其实，我们不想在这种比较中得出任何沾染道德色彩的结论，但毫无疑问，正是对于奇观的无餍足的追求，推动了纽约的生机勃勃。约翰·多斯·帕索斯（John Dos Passos）说：

> 昔日有砖砌就的巴比伦和尼尼微；金色的大理石柱造成的雅典，在君士坦丁堡，尖塔如燃烧的明烛映列在金角湾的四围……钢铁，玻璃，贴面砖，混凝土则是纽约摩天大楼的材料。攒集在这逼促的岛上的数百万扇窗户流光溢彩，它们扶摇而起，宛如暴风雨之上的白色云头。

20 世纪的罗马……那么 21 世纪的罗马在哪里呢，包括《纽约时报》在内的西方媒体，不止一遍地暗示说，在中国，在中国，在中国……为了加深人们的印象，这份报纸还破天荒地用中文发表了一篇文章的标题——虽然，可以肯定的是，没有几个美国人可以看懂。

可以想象有一天，中国终于有了自己的"罗马"、"巴黎"和"纽约"……但那真的一定是件会让所有人惬意的事情吗？

无论如何，歌声和魅影本身就会使人迷醉，而丧失任何意见。许多人都会感怀于他们第一眼看到的纽约天际线，它的命运最终将会如何呢？这是一个颇费人思量，却又时刻隐约地牵动着人们神经的问题。

　　在 20 世纪初康尼岛上所建立起的游乐场，是曼哈顿的实验场，一场大火使这部奇观的历史最终化为了废墟，从它的结局里，人们似乎看到了一整部纽约"明天的历史"，这部关于未来的历史，多少沾染了些黄昏的坏情绪，构成了对上面那个问题的不太乐观的答案……

　　事实上，在纽约，这座城市的大火每天都在不停地燃烧——一场哈曼所描述的集体经验里的"美丽的灾难"，它在库哈斯的纽约史中日复一日地持久发生：

　　　　现在，曾经是一片弃地的地方……一千座炫目的大厦和尖塔高耸入云，它们优雅、庄重、咄咄逼人。朝阳俯瞰着它们，犹如俯瞰着一个诗人或画家神奇地将梦境变成了现实。

　　　　入夜，百万盏电灯的流光辉映着这伟大游乐城市的轮廓的每一条曲线，每一个尖点，它映亮了高高在上的天空，欢迎着从三十里外海岸边归家的海员。

　　或者：

世界的中心

1948 年，英国作家贝弗利·尼科尔斯（Beverley Nichols）略带伤感地说："前所未有地，在一场熠熠闪光的商店橱窗的巡游之中，纽约有了一个伟大国际都市的感觉，世界各方在此汇聚。伦敦曾经是如此的一个角色，但是人们不知怎的已经将它遗忘了，华贵的 Hispanos 和 Isottas 车如仙如梦般地驶过了许久，热带水果在波德街（Bond Street，位于纽约东村）的橱窗里已经招摇了许久。在逝去的年代里，从伦敦什么的到美洲，纽约曾经只属于美国，也可能不是典型的那种美国，但现在，美国优先，美国被推向前列，于是现在它成了世界的中心。"

随着夜晚的到来，从海洋上突然升起一座灯火的梦幻都市，直入夜空中的宫殿和庙宇。数以千计的微红的光亮在昏暗中闪烁，在黑黝黝的天空背景上招摇不定的微妙，敏感的形状是那些巍然伫立的奇迹般的城堡。

金色的细线在风中颤抖，它们在那些晶莹透亮的、闪烁和流动的图案中彼此交织，和它们水中的倒影彼此眷慕。

难以想象地壮丽，无可言喻地美妙，这燃烧的光亮。

尾 声

如果不是"9·11"，大师无论如何也想象不出他会在纽约熙熙攘攘的大街上遇到安吉丽娜，一个再普通不过的、说西班牙语的、体形不敢让人恭维的新移民。是的，他们不仅见面了，而且互相交换了对于这个城市的看法。一个好奇的旅游者恰好从这里走过，但他只在这个城市停留一天，他始终没有搞明白这两个人究竟在交谈些什么。

从远方来的旅游者，想要回到这座城市的起点去看个究竟，在那里，他遇到一个刻板的测绘师，前者管后者要一张这城市的明信片，但是测绘师严肃地说，他没有，他只有一叠用印度墨水写在羊皮纸上的报告书；似乎是一群没文化的资本家，最终把他的这个计划搞砸了（或者正好相反，玩出了彩）；可是，为什么忧心忡忡的理论家为这城市访客指引的方向，一个向东，一个向西？

这个旅游者终于倦了，累了，他除了需要一张廉价的地图，还需要一个舒适的家安顿自己，可是，建筑师关心的是建造房子，除此之外他管不了其他，想要"随处即兴"的人们，只好到建筑师鞭长莫及的地方，自己和自己开开玩笑，那个狂想者呢？狂想者感兴趣的是所有房子后面发生的事情，那半明半昧的阴影里的故事，使他缱绻。

在曼哈顿，每个人都觉得自己是个穷人，可是风头急转，"穷人"

渐渐成了一种时髦，他们的嗓门越来越高……除了一种特殊的穷人，叫做"中国人"……这伙人虽然偶尔新潮，但设计师会觉得他们的形影太过捉摸不定，面对越来越不容易伺候的城市人，设计师的心情变得很糟。

有位摄影师，"9·11"前后，他不过碰巧目击了这城市里发生的一幕，他收起自己的傻瓜相机，自以为是位全知全能的记录者，目空一切地走在大街上，可是他碰上了一名浪荡街头的纽约客，后者不屑地告诉他：

"别逗了，一切都不过是过眼烟云……"

目瞪口呆的摄影师收起了他的摄影机，加入了街边无心绪闲游着的人流，在街边，"幻师"为他们表演了一出生活化的活剧，在那里，摄影师吃惊地看到，"幻师"不需要任何装备和镜头，他的旅途上，到处是变幻不定的光、声、色、影……

终于厌倦了这种不断变幻着的图景的人们，开始逃离这使人困惑的现场，自然之子同样相信自己不属于这个演出，可是那些在城市之中营造风景的人竭力挽留他，想使他相信他并不需要到别处去寻找自己的生活。

一切终于到了谢幕的时刻。

这座城市没有一座德尔法那样的神殿，然而，它依然是一个关于"我"的寓言。

中城的圣乔治屠龙："正"与"邪"的角力。

后 记

　　书写纽约这样一座大城，需要一支卡尔维诺那样的巨笔，须知"书籍自有命运"，更不要说这个已经被许多大师尝试过了的题目——记得是在 2005 年的夏天，以那个年纪无知无畏的勇气，在受命翻译《癫狂的纽约》的同时我向史建兄提出要写一本关于纽约的书。"弱水三千，吾只取一瓢饮"，既冒昧一试，或许，还是要努力在其中发现一点新鲜的心得和经验，使它不至于沦为一千本同样题材的著作后，多余而尴尬的第一千零一本。

　　作为一个建筑师，每天的生活自然离不开总图、立面、平面这些套路，离不开光鲜亮丽的图片，更有甚者，自然而然的，每个项目都会骄傲地宣谕其中独一无二的心灵的存在。可是，一座城市很难说就是一堆建筑项目的总和，它也不是孤立的个人的集合。阿尔多·罗西认为，城市既是客观因素和集体意志设定的"产品"，又是为集体而创作的非理性的"作品"，这就意味着大多与城市有关的议题都既是可科学研究的对象，又很难不设身处地地去体验和感受——每个人，甚至城市之外的人对于城市问题都是负有一定责任的，因为他们普遍的生活方式和世界观是城市问题生成的基础。

　　在本书之中我们已经试图证明，无论是"建筑"、"设计"还是"规划"，都只不过是一种切入这巨大现实的可能，尤其是对于纽约这样一种强有力的现实而言，如果只是将眼光聚焦在大写的"建筑"，

"设计"或"规划"之上，那未免也太过狂妄，太过自我托大了。

而从另一方面说，尽管生活并不能简化成一个故事，确确实实，每幢建筑却也都呼唤融入一个更有"说道"的人们的世界，它是物理现实和纯然的想象的中道。当城市的形象付诸文字，它的目的不是为了画蛇添足，写作本身希望成为另类"建筑"的基石，言语希望成为引领眼睛和心灵的路标。

在这样的寻觅中没有一份既定的地图。

对于发现"城市"的意义而言，或许没有那儿比纽约更适合了，它是事实，色彩和故事的矛盾混合体。这本通俗著作的题目之所以叫做"变形记"，是希望它能够表达某种引入而又导出现实的意愿，而不仅仅耽溺于盲人摸象的雄心，或拘泥于旅游手册式的细节；最终，这种超越前人写作的企图不是意欲步入"设计原则"的抽象，而是将人们带向思考城市根本问题的一般。这本小书的成稿已久，在此后的研习中每天都在产生新的谜题和收获，我并不奢望一本写定的作品解答很多重要的问题，只希望通过直感的描述和提点，帮助人们熟悉这些问题产生的语境，同时，没准就有了些揭开谜面的线索。

写作一本关于城市的书同时产生折磨和欣悦：由冒险者的手足无措，转至镜中人的自我沉浸，你会一次次地"重新"熟悉你似乎已熟悉的一切——时间长了，终究是无可救药的恐慌，你会发现，要想穷尽一座城市的事实是多么的无望，这反而也激起了我们对于"事实"

本身的更多反思。犹如这本书的开篇所言，最好的策略，或许还是带着自己的问题而来，也带着自己的问题而去：时而眯起眼睛，后退几步，时而脱卸大队，放任自己……在不同的写作计划之中，我便是如此游历了不同时空中的城市，从荆棘铜驼之中的洛阳城，到耶鲁大学档案之中的民国北京，从想象世界里的隋唐长安到那些寂寂"无名"的中国城市，我选择这些写作的对象并不一定是因为我最终对它们有多么了解，迷途有时倒是正路。它们终归是我自身生命旅途上出入的站点，我们生于斯长于斯，又歌哭歌笑于斯。

本书的结构设计和它的思想观点一致：它既叙述铺陈，也辨识明理，有典型的纽约故事，也有对于一般城市问题的通议。对于那些希望"带一本书去纽约"的人们，希望这本书是他们行囊中的一本。

谢谢史建兄。没有他的眼光、鼓励和支持，这本似乎可有可无、不大不小的书便不会存在。我也要特别感谢为本书提供项目资料和图片使用许可的建筑师和建筑事务所，艺术家和他们的摄影作品，作者姓名已一一在各处标明不逐个列出。

最后，谢谢杨曦，最终是我们共同分享了有关这座城市的一切。

2007 年初稿于纽约
2013 年夏记于北京